KB057406

자녀에게

해야할 언어와 해서 안 될 언어

(독이되는 칭찬 약이 되는 꾸중)

김해경 지음 · 신 웅 그림

자녀에게 해야할 언어와 해서 안 될 언어

(독이 되는 칭찬 약이 되는 꾸중)

엄마는 육아가 완전히 자신의 관리에서 이루어진다는 막중한 책임감을 가지고 있습니다. 더구나 믿고 의지해야 할 남편은 회사 일에 매달려 도움을 청할 수조차 없을 것입니다. 그래서 엄마는 육아, 집안 살림, 남편 뒷바라지에 심지어 늘어나는 양육비를 보태기 위해 맞벌이까지 하는 '슈퍼 엄마'로 둔갑할 수밖에 없습니다. 이런 막중한 임무가 주어진 가운데 만약 아이에게 문제가 발생하면, 남편은 모두 아내탓으로 돌리곤 합니다. 하지만 이보다 더 나쁜 것은 엄마가 자신의 아이만을 감싸고 위하는 육아법을 하는 것입니다. 자신 의 육아법이 최고라는 착각속에서 다른 아이와의 경쟁에서 이기기를 바라고, 아이를 영웅처럼 보이듯 키우는 것입니다. 이런 것을 두고 '신데렐라' 육아법이라고 합니다.

김해경 지음 · 신 웅 그림

법문북스

머리말

야단이라는 것은 너무 지나치면 아이를 위축시키거나 반발하게 하며 비뚤어지게 해 버립니다. 가능한 한 야단치지 않고도 해결된다면 그렇게 하는 것이 바람직합니다.

아이가 초등학생 정도 되면 생활습관을 가르치더라도 그때 바로바로 그 장소에서 야단치기보다도 집안일을 돕도록 하는 것으로 아이의 의욕을 끌어내어 주는 쪽이 현명한 방법입니다.

지금 눈앞에 보이는 곤란한 상황에 대해서 이것저것 야단치는 것도 좋지 않은 방법입니다. 이것저것 야단치기 전에 부모는「왜, 이 아이는 이런 행동을 하는 것일까?」「왜, 이렇게 못 하는 것일까?」를 생각해 보는 습관을 익혀 두는 것이 좋습니다. 그러면 야단치는 대신에「어떻게 하면 잘할 수 있을까?」 하고 아이의 입장에 서서 함께 생각해 줄 수 있는 부모의 자세로 돌아가게 됩니다.

야단치거나 칭찬하는 부모의 마음에는 무엇을 좋은 것으로, 무엇을 나쁜 것으로 하는가 하는 부모의 도덕관, 가치관이 있습니다. 그것이 아이에게 적용될 때는 내 아이가 어떠한 아이로 커 주기를 바라는 기대치가 있을 것입니다.

대부분의 부모는 「마음이 착한 아이로」라든가 「개구쟁이여도 튼튼하게만」이라고 말하지만 실제 야단치거나 칭찬하는 것을 보고 있으면 그것은 형식에 지나지 않고 실제로는 다른 아이에게 지지 않고 이기기를 바라는 부모의 마음이 담겨져 있습니다.

칭찬하거나 야단칠 때 아이의 행복이 아니라 눈앞의 경쟁에 이길 것, 이기기까지는 아니더라도 뒤처지거나 따돌림을 당하지 않기를 바라는 생각이 깔려 있는 것입니다. 모두 아이의 장래를 생각하기 때문이라고 말한다면 그것은 무폭력의 내기와도 같습니다.

아이가 어른이 되어 활약하는 것은 10년 뒤, 20년 뒤의 일입니다. 그때의 사회가 지금과 같은 상황이라는 보장은 어디에도 없습니다. 경쟁으로 자란 아이가 장래 궁핍한 인간관계 속에서 고립되어 산다면 이보다 더 불행한 일은 없을 것입니다.

이 책이 자녀 교육에 많은 도움이 되었으면 하는 바람입니다.

part 1 야단과 칭찬은 성장에 꼭 필요한 것이다

part 2 나쁜 버릇과 실패는 원인 파악이 중요하다

part 3 100점짜리 야단법은 아이를 친구 혹은 형제와 비교하는 야단은 삼가야 한다.

part 1

야단과 칭찬은 성장에 꼭 필요한 것이다

올바른 인간상으로 성장시키기 위한 야단법과 칭찬법

부모들이 바라는 것은 '마음이 착한 아이' 혹은 '개구쟁이라도 튼튼한 아이로 자라라.'일 것입니다. 그러나 실제로 부모들이 원하는 것은 이것이 아니라 '다른 아이들에게 지지 않는 월등한 자식'을 원하고 있습니다.

아이들에게 야단치거나 칭찬할 때 필요한 것은 어떤 것을 좋은 것으로 할지 어떤 것을 나쁜 것으로 할지 정하는 것인데, 이것은 부모의 도덕관이나 가치관과 깊은 연관이 있습니다. 다시 말해 이것을 정확하게 알아서 적용해야 올바른 아이로 성장할 수가 있습니다.

보편적으로 부모들이 바라는 것은 '마음이 착한 아이' 혹은 '개구쟁이라도 튼튼한 아이로 자라라.'일 것입니다. 그러나 실제로 부모들이 원하는 것은 이것이 아니라 '다른 아이들에게 지지 않는 월등한 자식'을 원하고 있습니다.

한마디로 야단치거나 칭찬할 때 부모가 생각하는 것은 아이의 행복보다 당장 눈앞에 보이는 경쟁에서 이기는 것입니다. 만약 이기지 못한다면 최소한 따돌림을 당하지 않기를 바라고 있는 것입니다. 이렇게 생각하는 이유에 대한 부모들의 의견은 '아이의 미래를 생각하기 때문이다.'라고 합니다. 이것은 다시 말해 어른들의 폭력 없는 내기에 불과한 것입니다.

아이가 태어나 사회생활을 하려면 대략 2~30년이 걸립니다. 더구나 2~30이 지난 후의 사회는 현재 부모가 생활하고 있는 현실과는 많이 다를 것입니다. 특히 치열한 생존경쟁이 판을 치고 있는 현실에서 끊임없이 경쟁하며 성장한 아이들의 장래는 어떻게 되겠습니까? 정이 메말라 인간관계 속에서 고립된다면 이보다 더 불행한 것은 없을 것입니다.

흔히 부모는, '우리 아이만 괜찮으면 된다.'라는 생각을 하는데 이것은 이기주의적인 발상에서 비롯된 것입니다. 현명한 부모라면 인간이라면 누구나 인간답게 살 수 있는 사회를 바라고, 그런 사회를 만드는 인간이 되도록 아이를 키워야만 합니다. 그러기 위해서는 아이를 키울 때 칭찬이나 야단을 이러한 기준에 맞출 필요가 있습니다.

예를 들면 내가 아닌 상대방의 입장에 서서 생각하면서 상대방에게 폐를 끼치지 않도록 하거나, 인간의 권리에 대해서 꼭 가르쳐야 합니다. 알면서도 무심코 지나치는 경우가 많기 때문입니다.

인간의 권리에 대해서 생각해 봅시다. 예를 들어 서울대공원에서 놀이기구에 타기 위해 어린이들이 줄을 서서 차례를 기다리고 있을 경우, 이때 줄을 서지 않고 중간에 끼어드는 아이가 있다면 나쁜 행동이라며 야단칠 것입니다. 하지만 아이가 끼어들 때 자리를 허락한 아이에겐 아무런 잘못이 없을까요? 잘못이 있습니다. 그 아이는 끼어들기를 하는 아이에게,

"우리는 줄을 서서 순서를 기다리고 있는데, 끼어들지 말고 맨 뒷줄에 서야 돼!"

라고 말할 의무를 어긴 것입니다.

또 다른 예를 들면 동생의 물건을 형이 빼앗았습니다. 이때

동생의 물건을 형이 빼앗았습니다. 이때 부모는 형에게 "형이 되어서 그러면 안 돼!"라고 야단칠 것입니다. 이것은 동생의 편만 들어주는 꼴이 됩니다. 이럴 때는 동생에게도 "이것은 내 것이야!"라고 말할 수 있도록 가르쳐야 합니다.

부모는 형에게,

"형이 되어서 그러면 안 돼!"

라고 야단칠 것입니다. 이것은 동생의 편만 들어주는 꼴이 됩니다. 이럴 때는 동생에게도,

"이것은 내 것이야!"

라고 말할 수 있도록 가르쳐야 합니다. 이것은 자신의 권리를 반드시 지키게 하는 교육입니다.

이런 교육을 시키기 위해서는 부모 자신이 스스로 권리를 지킬 수 있는 생생한 감각을 지니고 있어야 합니다. 또한, 권리를 올바르게 행사할 수 있는 방법을 그때그때 이야기해 주거나 실행으로 보여주어야 합니다. 특히 아이의 주장을 들을 때 그것이 고집인지 당연한 주장인지를 확실하게 구분하는 것은 부모의 몫입니다.

올바른 생활습관을 길러주기 위해 적당한 칭찬이나 야단이 필요한 것이다.

아이가 어릴 때부터 필요한 것은 바로 자연스럽게 이루어지는 가정교육입니다. 가정교육이란 가정 속에서 기본적인 생활습관을 갖도록 해주는 것입니다. 가정교육은 부모나 아이 모두에게 매우 중요합니다. 그런데 부모는 어린아이가 잘못하면 야단치면서 한편으론 불쌍하게 생각하여 단호하지 못합니다. 그 결과 아이가 초등학교 3학년으로 성장해도 어릴 때처럼,

"손은 깨끗이 씻었니?"

"손수건은 잘 챙겼니?"

"서둘지 않으면 지각한다."

라며 채근하는 일이 생기게 됩니다.

이것은 아이에게 매우 좋지 못한 채근입니다. 그 이유는 10살 이상의 연령층에 있는 아이들은 강한 자아가 발달되는 시기이기 때문에 부모의 명령을 싫어합니다. 이것을 알지 못하고 무조건 아이에게 야단을 친다면 오히려 아이의 반항심만 키우는 꼴이 됩니다.

그렇기 때문에 올바른 생활습관을 길러주기 위해 필요한 칭찬이나 야단에도 그 적절한 시기가 중요한 것입니다. 그러나 아이가 어릴수록 말만으로 가정교육을 시킨다는 것이

쉽지 않다는 것을 알아야 합니다.

예를 들면 아이가 방 안에 장난감을 어지럽게 흩어 놓았을 때 부모가,

"장난감을 이렇게 흩어 놓으면 안 된다."

라는 말을 자주 하게 됩니다. 이 말은 단순하게 '안 된다'라고 하는 것이기 때문에 좋지 않습니다. 이럴 때는 벌어지거나 벌어진 상황에 대해 '어떻게 처리하면 좋을까?'라고 생각한 다

벌로 집안일을 돕게 하는 것이 현명합니다. 예를 들면 심부름이나 식탁에 수저를 놓기, 설거지, 청소 등입니다. 그 결과 집안일을 도운 아이는 자신의 능력을 발휘한 기쁨과 의욕이 생기면서 스스로 발전될 것입니다.

음 모범을 보여줘야 합니다. 이렇게 하지 않으면 아무리 야단쳐도 아이의 행동은 개선되지 않습니다.

한마디로 당장 눈앞에 벌어진 상황에 대해서만 야단치는 것은 아이의 성장에 좋지 않은 결과가 빚어진다는 것을 알아야 합니다. 이에 부모가 아이에게 야단치기 전에 미리 '왜, 우리 아이가 이렇게 행동할까?' '왜, 우리 아이는 이렇게 못 할까?'를 생각해 보는 습관을 익혀 두는 것이 좋습니다. 그러면 아이의 입장에 서서 '어떻게 하면 잘할 수 있을까?'라는 생각까지 할 수 있습니다.

야단이 지나치면 아이가 위축되면서 성격이 비뚤어져 올바른 인간상이 되지 못합니다. 그렇기 때문에 가급적 야단을 피하고 좋은 방향으로 아이의 문제를 해결하는 것이 바람직합니다. 아이가 초등학생일 때 잘못을 저지르면 곧바로 야단치기를 피하고 그 대신 벌로 집안일을 돕게 하는 것이 현명합니다. 예를 들면 심부름이나 식탁에 수저를 놓기, 설거지, 청소 등입니다. 그 결과 집안일을 도운 아이는 자신의 능력을 발휘한 기쁨과 의욕이 생기면서 스스로 발전될 것입니다.

이런 발전을 위해 부모가 포함된 집안일과표를 만들어 각자 맡은 임무를 지켜나가는 것이 좋습니다. 예를 들면 일상생활에서 휴식시간, 집 안 청소를 돕는 시간, 컴퓨터 게임을 하는 시간, 취침시간 등의 계획표를 정해서 지키게 한다면,

"컴퓨터 게임을 언제까지 할 거니?"

"놀지 말고 공부해라."

등과 같은 잔소리가 없어질 것입니다.

이와 함께 아이가 스케줄대로 잘 지켜나가면,

"청소를 도와줘 엄마가 얼마나 편한지 모르겠네. 우리 아기 정말 예쁘네."

라고 인정해 주는 것도 잊지 말아야 합니다.

다시 말해 아이 입장에서 보면 부모에게 인정받는 그 자체가 바로 칭찬인 것입니다. 이런 칭찬으로 아이는 자신감을 얻게 되면서 점차적으로 집안일 외의 다른 일에도 적극성을 띠게 될 것입니다.

이런 습관 속에서 성장한 아이는 사회인으로서의 바람직한 자질을 갖춘 인격체로서 세상을 현명하게 살아갈 것입니다.

야단과 칭찬에서 부모의 책임과 의무는 어디까지인가?

"수도꼭지에서 졸졸 나오는 수돗물을 본 엄마는 나를 그곳으로 데려가 가르쳐 줘요. '이렇게 물이 졸졸 흐르게 하지 말고 항상 수도꼭지를 꽉 잠가야 한다!'

수도꼭지를 너무 틀어서 콸콸 나오는 수돗물이 이리저리 튀는 바람에 야단을 맞던 아이가 어느 날 엄마에게 자기를 닮은 인형을 만들어 달라며 이렇게 말했습니다.

"수도꼭지에서 졸졸 나오는 수돗물을 본 엄마는 나를 그곳으로 데려가 가르쳐 줘요. '이렇게 물이 졸졸 흐르게 하지 말고 항상 수도꼭지를 꽉 잠가야 한다!' 이럴 땐 내 인형이 내 대신 수도꼭지를 잠그면 해결이 되잖아요."

위의 사례는 부모와 아이와의 커뮤니케이션이 이뤄지지 않는 예라 할 수 있습니다. 부모는 아이에게 바른길로 가도록 입에 침이 마르도록 이야기하지만, 아이가 듣지 않는다며 몇 번을 야단치고 맙니다.

이것은 부모의 잘못된 생각입니다. 아이가 알아듣지 못하는 것이 아니라 아이는 처음부터 부모의 말을 제대로 알아듣고 있는 것입니다. 위의 사례에서 알 수 있듯이 부모의 말을 잘 알아듣고 있다는 것이 아이의 말속에 잘 표현되어 있습니다.

이처럼 아이는 부모의 말을 제대로 알아듣고 슬퍼하면서 갈등하고 있습니다. 여기에 대해 부모는 과연 이것을 알면서 야단치는 것일까요?

혹시 부모의 나쁜 컨디션으로 말미암아 자신도 모르게 거친 말로 야단치고 있는 게 아닐까요?

부모의 나쁜 컨디션으로 인해 자신도 모르게 거친 말로 야단치고 있는 게 아닐까요?
아니면 부부싸움 후에 화풀이를 아이에게 하는 게 아닐까요?

아니면 부부싸움 후에 화풀이를 아이에게 하는 게 아닐까요?

따라서 부모의 입장에서 어떤 이유로 아이에게 야단을 치는지 혹은 칭찬을 하는 것인지에 대해 신중하게 생각해 봐야 하겠습니다.

아이에게 야단을 친다는 것은 아이가 나쁜 행동을 했을 때 제재하기 위한 것이고, 칭찬을 한다는 것은 올바른 행동을 했을 때 인정하면서 계속 유지하기 위한 격려입니다. 다시 말해 야단을 치거나 칭찬을 해준다는 것은 아이가 올바르게 성장하여 사회인으로 제 역할을 할 수 있도록 하기 위한 목적입니다. 이것은 한마디로 부모로서의 책임과 의무입니다.

자립형 인간으로 성장시키는 야단법과 칭찬법

부모는 아이 곁을 언제까지나 지켜줄 수가 없습니다. 그렇기 때문에 착함과 악함에 대한 판단을 아이 스스로 할 수 있도록 해야 합니다. 그러기 위해서는 적절한 칭찬이나 야단이 필요합니다.

아이의 성장엔 두 가지가 있는데, 그 하나는 신체적인 기능 성장이고 두 번째는 사고의 능력인 정신적 성장입니다. 이런

칭찬과 야단을 적절하게 가미한다면 마침내 듬직한 아이로 성장될 것이 확실합니다. 그러기 위해서는 말을 못하는 유아에게 칭찬이나 야단이 필요할 때 쉽게 부모의 말이 잘 전달될 수 있도록 하는 방법을 찾아야 됩니다.

성장을 위해서 칭찬과 야단을 적절하게 가미한다면 마침내 듬직한 아이로 성장될 것이 확실합니다. 그러기 위해서는 말을 못 하는 유아에게 칭찬이나 야단이 필요할 때 쉽게 부모의 말이 잘 전달될 수 있도록 하는 방법을 찾아야 합니다.

아이가 생각한다는 것은 자신의 마음속으로 사람들을 불러 모아 회의를 하는 것과 같습니다. 마음속엔 세상에 태어나서 처음으로 본 엄마가 첫 번째 손님이고 두 번째는 다른 사람들일 것입니다. 이런 상태에서 시간이 흐른다면 엄마가 없어도 좋지 않은 일을 하려는 순간 마음속의 엄마가 '나쁜 짓이야!'라고 말하기 때문에 행위를 자제하게 됩니다.

이런 상황은 아이가 점점 성장하면서 마음속으로 불러들이는 사람도 점점 늘어나게 되고, 이로 말미암아 훌륭한 인격체가 되는 것입니다. 결론적으로 성장한 만큼 스스로 생각하는 범위와 힘이 늘어나는 것입니다.

하지만 여기서 간과해서는 안 될 사항은 마음속으로 불러들인 사람의 수보다 그 사람들로부터 믿음을 받을 수 있는 신뢰관계를 쌓는 것입니다. 즉, 항상 부모로부터 내려지는 일방적인 명령만 듣거나, 부모 자신이 일방적으로 옳다며 꾸짖는 야단 등이 잦으면 아이의 마음속에 있는 상대 역시 동일한 형태로 형성되어 신뢰를 쌓지 못하게 될 것입니다.

칭찬과 야단은 아이의 성장 후의 인간관계 형성과 사고에 직접적인 영향을 줍니다. 따라서 집 안에서 부부나 부모와 아

"형이 되어서 그러면 안 돼!"
라고 야단치기보다는 동생을 사랑해야 한다는 의무와 논리를 포용력 있게 들려줘야 합니다.

이 등 모두가 서로 간의 인격을 존중해 주고, 아이에게 말을 할 때도 명령형에서 대화형으로 바꾼다면 틀림없이 아이의 마음엔 믿음직한 신뢰가 쌓일 것입니다.

이런 정신적 성장을 위해서는 부모 스스로 아이와 함께 성장해 나가야 할 것입니다. 그러기 위해서는 아이 주위의 세밀한 것까지 챙기면서 잔소리하는 부모가 되어서는 안 됩니다. 보편적으로 아이가 혼자 있다가 동생이 태어나면 자연적으로 부모의 사랑에 대한 질투가 따르기 마련입니다. 이때,

"형이 되어서 그러면 안 돼!"

라고 야단치기보다는 동생을 사랑해야 한다는 의무와 논리를 포용력 있게 들려줘야 합니다. 그러면 아이는 스스로 판단하게 될 것이며 동생에 대한 사랑도 아끼지 않을 것입니다.

아이를 더 상처받게 하는 것은 부모의 감정 개입이다.

부모로서 바르게 키운다는 생각에서 수없이 좋은 말을 해보지만, 아이는 부모의 말을 비웃기라도 하듯 같은 행동을 멈추지 않거나 듣지 않습니다. 이런 상황에서 부모는 아이의 잘못에 대해 매일매일 화내고 속상해합니다. 그러다가 아이가 잠이 든 모습을 보면서 '내가 뭘 잘못해서 아이가 이럴까? 내일은 아이에게 너그럽게 대해줘야 하겠다.'라고 반성하는 경우가 대부분일 것입니다. 그러나 다음날 아이가 또다시 부모의 말을 듣지 않고 반항하거나 떼를 쓰면 반성은커녕 화가 치밀어 오를 것입니다. 이것은 어린아이를 키우는 부모의 공통된 경험일 것입니다.

주변을 살펴보면 항상 시끄럽게 아이를 꾸짖는 집의 아이들은 부모에게 더 반항적이고, 더구나 아이는 자신의 요구가 관철되지 않으면 주변의 물건을 손에 잡히는 대로 던지면서 심하게 울며, 심지어는 욕을 하는 경우도 있습니다.

아이가 부모의 언행을 그대로 답습하기 때문에 발생되는 행동들입니다. 다시 말해 아이의 괴팍한 언행이 부모의 잘못에서 비롯되었다는 것을 깨닫지 못한다면 부모의 잘못은 개선되지 않을 것이고 아이 또한 개선되지 않을 것입니다. 순간의 귀찮음으로 치부해 땜질용으로 모면하려는 부모의 행동은 상당한 문제가 따릅니다.

예를 들어 완구점에 갔을 때 아이가 자신이 갖고 싶은 것을 사달라며 떼를 쓸 때 귀찮다고 들어주거나, 버릇없게 행동하는 것을 자연스런 어리광으로 받아들이는 것을 말합니다.

그렇다고 이런 아이의 언행을 무조건 들어주지 않는다는 생각에 한마디로 잘라버리는 습관은 도리어 아이에게 반항심을 고취시키는 꼴이 됩니다. 결코 이런 방법으로는 아이의 잘못된 버릇을 고칠 수가 없습니다.

아이의 버릇은 강압적인 것보다 논리적으로 이해시키면서

"알았다. 오늘 한 번뿐이야. 다음에 또다시 그러면 혼난다."
라는 말로 아이의 버릇은 절대로 고쳐질 수가 없습니다. 이 말에 대한 아이의 생각은 엄마에게 끈덕지게 조르면 반드시 들어준다는 것입니다.

부드럽게 해주는 것이 최고의 방법입니다.

예를 들면 아이가 한쪽을 가리키면서,

"저기."

라고 말할 때, 비록 그 요구가 냉장고 속에 들어 있는 과자나 빵을 달라는 의미일지라도 엄마는 일부러,

"왜 그러니?"

"뭐라고 하니?"

라며 부드럽게 되물음으로써 확실한 말로 요구하도록 유도합니다. 이와 반대로,

"저기."

라고 했을 때,

"알았다."

하면서 무조건 과자나 빵을 줘서는 아무런 의미가 없습니다.

그리고 이 밖에,

"이것."

대신,

"과자."

라고 할 경우엔 엄마는 아이의 완성되지 않은 말을,

"아~ 우리 아기, 과자가 먹고 싶구나."

라며 완전한 문장으로 표현해 주는 것도 좋은 방법입니다. 이 방법은 아이의 언어 습득을 도울 뿐 아니라 아이에게 자신이 무엇을 원하고 있는지를 분명하게 인식시키는 계기가 됩니

다. 시간이 지날수록 엄마는 아이에게 제3자가 들어도 알아들을 수 있는 말을 습관적으로 들려줘야 인식에 도움이 됩니다.

엄마로서 아이에게 주의해야 할 점은 순간적으로 격한 감정에 휩싸였을 때 자기 자신의 화풀이를 위해 야단치는 것입니다. 이는 아이의 성장발육에 도움이 되지 못합니다. 자신의 화풀이를 구실로 삼아 욕설에 가까운 말을 아이에게 한다는 것은 말이 안 되는 일입니다.

엄마가 아이를 데리고 시장에 갈 때마다 아이는 이것저것이 갖고 싶다며 고집을 부리고 졸라댔습니다.

문제가 발생하게 된 첫 번째 이유는 아이가 사달라는 물건이 싸거나 사줘도 지장이 없다는 판단으로 구입해 주는 것입니다. 두 번째 이유는 부모 자신에게 어떤 기쁜 일이 생겨 기분에 따라 쉽게 요구에 응해 주는 것입니다.

그러자 엄마는,

"안 돼! 얼마 전에 엄마가 사 줬잖니."

라고 야단을 치자 아이는 땅바닥에 드러누워 울며불며 떼를 썼습니다. 이에 엄마는,

"알았다. 오늘 한 번뿐이야. 다음에 또다시 그러면 혼난다."

라면서 양보했습니다.

여러분은 이런 상황에서 어떻게 하셨습니까? 그때마다 상황을 벗어나려고,

"알았다. 오늘 한 번뿐이야. 다음에 또다시 그러면 혼난다."

라는 말로 넘어간다면 아이의 버릇은 절대로 고쳐질 수가 없습니다. 이러한 말이나 상황에 대한 아이의 생각은 엄마에게 끈덕지게 조르면 반드시 들어준다는 것입니다.

아이가 이렇게 생각한다는 것은 엄마의 태도에 많은 문제가 있는 것입니다. 이런 문제가 발생하게 된 첫 번째 이유는 아이가 사달라는 물건이 싸거나 사줘도 지장이 없다는 판단으로 구입해 주는 것입니다. 두 번째 이유는 부모 자신에게 어떤 기쁜 일이 생겨 기분에 따라 쉽게 요구에 응해 주는 것입니다.

이것을 해결하기 위해서는 아이의 요구에 대한 부모의 냉정한 판단이 필요합니다. 아이의 요구에 대해 '안 된다.'라고 판단했다면, 아이가 울며불며 떼를 부려도 의연하게 무시하는 태도가 필요합니다. 그런 다음 아이에게

무엇 때문에 구입해 줄 수 없는지에 대해 논리적으로 부드럽게 말해 줘야 합니다. 그렇게 하면 아무리 떼를 부려도 안 된다는 것을 알게 된 아이는 이후부터 이런 행동을 삼가게 될 것입니다.

어린아이일지라도 반성할 수 있는 부드러운 야단이 필요하다.

사례

4~5살 난 남자아이는 장난이 심해 엄마가 짜증과 함께 큰 소리로 야단을 치지만, 아이는 좀처럼 엄마의 말을 듣지 않습니다. 그러자 엄마는 아이가 말을 듣지 않거나 장난이 심할 때 장롱 속에 가두기로 맘먹었습니다. 장롱은 아이가 가장 싫어하는 곳으로 그곳에 가두면 너무 무서워 소리조차도 낼 수가 없기 때문입니다.

심한 장난으로 아이는 몇 번이나 장롱 속에 갇혔는데, 결국 공포로 말미암아 아이는 말을 더듬게 되었습니다. 그때 엄마

아이가 장롱 속에 갇혀서 자신의 행동을 반성하거나 냉정하게 판단할 수 있었을까요?

는 자신이 감정적으로 아이에게 야단치지 않았는지에 대해 반성도 했습니다. 그러나 엄마는 아이가 계속해서 말을 더듬자 자신도 모르게 짜증이 났습니다.

이 사례는 아이의 심한 장난이나 버릇을 야단으로 그만두게 하여 스스로 반성하게 하는 것보다 오히려 감정적으로 '따끔한 맛으로 버릇을 고치겠다.'는 쪽으로 생각했기 때문에 오히려 망친 꼴이 된 예입니다.

결과적으로 아이가 장롱 속에 갇혀서 자신의 행동을 반성하거나 냉정하게 판단할 수 있었을까요? 이에 대한 대답은 '공포심 외에는 아무런 생각도 하지 않았다.'입니다. 더구나 자신이 무서워하는 곳에 가두어 놓은 엄마에게까지 공포심을 느꼈던 것입니다. 그런 까닭에 아이는 무서운 엄마 앞에서 긴장감에 휩싸여 말을 더듬게 된 것입니다. 이에 엄마는 자신의 잘못된 행동을 알지 못하고 오히려 말을 더듬는다며 심한 짜증을 부렸습니다. 엄마의 잘못된 행동이 개선되지 않는다면 아이의 말 더듬는 증상은 결코 호전될 수 없을 것입니다.

그러므로 부모는 몇 번의 야단으로 아이가 듣지 않는다고 벌을 강화하기보다는 뒤로 한 걸음 물러선 상태에서 '아이가 무엇 때문에 저렇게 행동하는 것일까'를 생각해 볼 필요가 있습니다.

아이들이 집 안에서 장난치기를 좋아하는 이유는 한마디로 요약하면 에너지가 넘치기 때문입니다. 다르게 표현하면 에너지가 주체할 수 없이 넘치니만큼 그 에너지를 소모할 수 있는 무엇인가가 필요하다는 뜻입니다. 이럴 경우 아이를 밖으로 데리고 나가 원하는 만큼 놀게 해주는 것도 좋은 방법입니다. 만약 벽에 낙서를 재미있게 한다면 야단보다 큰 종이를 벽에 붙이면서,

"우리 아들, 얼마나 잘 그리는지 엄마에게 보여주겠니?"

라며 권장해 주는 것도 괜찮습니다.

야단으로 금지시키는 것보다,

"이렇게 저렇게 하면 좋겠다."

라는 식으로 다정하게 가르쳐 주면 아이는 금방 이해할 수가 있을 것입니다.

벌을 강화하기보다는 뒤로 한 걸음 물러선 상태에서 '아이가 무엇 때문에 저렇게 행동하는 것일까'를 생각해 볼 필요가 있습니다.

사례

5살 난 여자아이는 함께 노는 놀이친구들이 자신에게 잘못을 하지 않았는데도 불구하고 마음에 들지 않으면 머리카락을 당기거나 꼬집습니다. 이럴 경우 대부분의 엄마는 딸아이가 누군가를 괴롭힐까 염려하여 항상 아이를 따라다니면서 감시합니다. 이 아이의 문제는 성격이 급한 부모가 아이의 잘못에 대해 말과 손찌검이 동시에 나왔기 때문에 생긴 것입니다. 한마디로 딸아이의 난폭한 행동은 부모의 행동과 무관하지 않습니다.

주변 엄마들을 살펴보면 '어릴 때는 알아듣지 못하는 말

딸아이의 난폭한 행동은 부모의 행동과 무관하지 않습니다.

보다 차라리 매로 다스리는 것이 훨씬 더 낫다.'라고 말하는 엄마들이 있습니다. 이것은 아이에 대한 오산입니다. 가장 먼저 아이는 무엇을 잘못해서 야단을 맞고 있는 것인지를 모르기 때문입니다. 손찌검으로 아이가 조용해지는 것은 오로지 맞은 부위가 아프기 때문이며, 더구나 부모의 행동을 답습한 아이는 손찌검을 부모가 없을 때나 보이지 않는 장소에서 행할 가능성이 많습니다. 그렇기 때문에 손찌검은 아이의 나쁜 버릇을 고친다는 것에는 무의미합니다.

아이에게 매를 댄다는 것은 버릇을 고치기보다 부모의 감정이 개입되어 있는 경우가 많습니다. 더구나 매를 대고도, 아이가 이에 별 반응을 보이지 않으면 부모는 괘씸하게 생각해 더 심한 매로 다스리게 될 것입니다. 이것은 아이의 버릇보다 부모의 감정이 개입되면서 매를 대는 행동이 반복적으로 이어질 위험성이 따릅니다. 이렇게 되면 야단을 맞는 아이는 아이대로, 야단을 치는 부모는 부모대로 냉정할 수가 없게 됩니다. 더욱이 이런 일이 반복될수록 아이의 부모에 대한 반항심만 자꾸 커지게 될 것입니다.

이에 따라 가장 좋은 방법은 나쁜 행동을 저지른 어린아이에게,

"그것은 나쁜 행동이야. 그러면 안 돼."

라는 말로 야단치는 것입니다.

아이의 마음에 상처를 주는 언어가 아이를 망치게 한다.

사례 어느 중학교 1학년 남자아이가 기말고사 영어시험에 65점을 받았는데, 이 점수는 반에서 중간 정도의 성적이었습니다. 그렇지만 아이의 엄마는,

"65점이 뭐니? 80점 정도를 받지 않으면 인간도 아니다. 공부가 싫으면 아예 그만둬!"

라며 기분 나쁘게 꾸짖었습니다.

인간의 가치를 점수로 판단한다는 자체에 아이는 깊은 상처를 받았을 것입니다.

아이가 나름대로 공부를 열심히 했음에도 불구하고,

"공부가 싫으면 아예 그만둬!"

라는 엄마의 말을 들은 것이라면 아이는 상처받을 것이 분명합니다.

엄마가 이 말을 하게 된 것

은 아이가 중학생이니까 건성으로 말하면 듣지 않기 때문에 심하게 말을 해도 괜찮겠다는 취지에서 비롯된 것입니다. 한마디로 이 생각은 야단치는 방법에 대한 주의가 전혀 없습니다. 이와 같은 야단방법은 난폭하면서 아이의 인격을 무시하는 처신으로 옳지 않습니다.

아이는 시험성적이 낮은 것에 대해 자신을 이해하고 기댈 곳은 오로지 엄마라고 생각했는데, 엄마 역시 선생님처럼 숫자로 자신을 판단하므로 크게 실망할 것입니다. 이에 따라 인간의 가치를 점수로 판단하는 자체에도 깊은 상처를 받을 것입니다.

대부분 성인들도 겪은 것이겠지만 어릴 때 학교에서 나쁜 점수를 받아왔을 때 아버지보다 엄마에게 기대는 확률이 더 높은 것이 사실입니다.

시험점수를 낮게 받은 아이가 미안한 표정으로 접근할 때 엄마는,

"열심히 했지만 아쉽구나. 하지만 너 나름대로 열심히 공부했기 때문에 이 점수는 잘 받은 것이야. 힘내자꾸나."

라며 위로해 준다면 아이는 더 분발할 것입니다.

만약 앞에서 언급한 것처럼 엄마가 자신의 기대에 어긋난다며 야단을 치거나 가슴에 상처를 주는 언어를 구사한다면 아이는 분명 공부에 대한 애착까지 없어질 것입니다. 더 나아가 아이는 반항심과 반발심으로 가득 찰 가능성이 있으며, 어쩌

면 아이는 '어차피 열심히 공부해도 부모가 원하는 성적을 기대할 수 없다.'라는 자포자기와 함께 성격까지 비뚤어질 수도 있을 것입니다. 그렇기 때문에 부모로서 너무 쉽게 생각해 내뱉는 야단은 아이의 인격에 상처를 입히게 되므로 항상 조심할 필요가 있습니다.

부모들은 자라나는 아이들의 행동에 대해 100% 만족할 수가 없습니다. 그런데도 불구하고 부모는 아이들에게,

"굼벵이도 너보다 낫겠다. 빨리빨리 하지 못하겠니?"

"열심히 했지만 아쉽구나. 하지만 너 나름대로 열심히 공부했기 때문에 이 점수는 잘 받은 것이야. 힘내자꾸나."

"이 세상에 너처럼 말 안 듣는 아이도 처음 보겠어. 청개구리도 너보다 훨씬 낫겠다. 정말 싫다, 싫어. 내 눈앞에서 없어져!"

라는 언어폭력을 구사하고 있습니다.

물론 이런 말은 아이에 대한 섭섭한 분노의 감정이 폭발하면서 자신도 모르게 튀어나온 것으로 아이가 싫어서 나온 것이 아닙니다. 그렇지만 아이는 자신이 부모로부터 사랑을 받고 있는지 아닌지를 생각하면서 어딘가 불안한 마음을 가질 것입니다.

이와 같은 언어폭력은 야단치는 방법 중 가장 나쁜 것으로 아이의 마음에 상처를 주기 때문에 삼가야 합니다.

슈퍼 엄마의 잘못된 신데렐라 교육법

부모가 아이에게 감정적으로 야단치는 것은 아이에게 도움보다 오히려 해가 될 뿐입니다. 그렇지만 부모들은 이런 야단방법을 택하는 경우가 매우 많습니다. 또 대다수의 엄마들이 오랫동안 자식에게 행해 온 방법일 수도 있습니다.

하지만 이런 야단법이 100% 잘못되었다는 것은 아닙니다. 엄마들이 이런 방법을 동원하지 않으면 안 될 경우도 많습니다. 가령 아버지와 이혼했거나 아버지가 돌아가셨을 때 엄마 혼자서 양육을 책임지면서 고독하게 아이 홀로 생활하고 있는 상황입니다. 이런 경우 엄마는 돈을 벌어야 하므로 아이에게 차근히 시간을 두고 이해시키며 야단칠 상황이 안 될 수도 있습니다. 그렇다 하더라도 될 수 있으면 감정을 싣지 않고 야단치는 것이 좋습니다.

아이에게 감정적으로 야단치는 것은 아이에게 도움보다 오히려 해가 될 뿐입니다.

최근 언론보도로는 전업주부인 엄마는 유난히 자식에 대한 이상이 높다고 합니다. 그러나 이런 이상

에도 불구하고 육아의 기본도 모르는 경우가 많고, 더구나 한정된 인간관계 속에서 고립에 빠져 있다고 합니다. 왜냐하면 부모가 함께 양육하기보다는 엄마 혼자서 육아를 담당하고, 육아나 아이의 가정교육에 대해서 조언해 주는 사람이 없기 때문입니다.

이렇게 조언자가 없는 이유는 시대의 흐름에 따라 대가족제도에서 핵가족으로 변했기 때문입니다. 그렇다고 대가족제도에서 시어머니가 며느리의 육아법에 반드시 보탬이 되었다고는 할 수 없습니다. 핵가족제도일지라도 원활한 육아 방법을 이웃사촌이나 주변 사람들의 경험담, 또는 책이나 방송매체 등에서 얼마든지 찾을 수 있습니다. 오히려 이런 방법은 시어머니에게 전해 듣는 육아 방법보다 더 과학적이고 검증된 것이라 할 수 있습니다.

더구나 대가족제도에서 시어머니와 함께 살고 있는 엄마들의 스트레스는 이루 말할 수 없을 것입니다. 그래서 옛날부터 시어머니와 며느리 사이의 갈등을 표현한 '고부갈등'이란 유명한 말이 있는 것입니다. 스트레스는 모든 현대병의 근원으로 알려져 있듯이, 엄마들의 스트레스 역시 수유나 젖의 분비까지 영향을 끼칩니다.

지금은 대가족제도에서 핵가족제도로 바뀐 상황으로 엄마들이 시어머니로부터 스트레스를 받지 않기 때문에 양육이 더 쉬워졌다고 하겠습니다. 대신에 엄마는 육아법이 완전하게 자신의 관리에서 이뤄진다는 막중한 책임을 져야 합니다. 더구나 믿고 의지해야 할 남편은 회사 일에 매달려 도움을 청할 수조차 없을 것입니다. 그래서 엄마는 육아와 집안 살림, 남편 뒷바라지 등을 맡는 '슈퍼엄마'로 둔갑할 수밖에 없습니다.

엄마는 육아와 집안 살림, 남편 뒷바라지 등을 맡는 '슈퍼엄마'로 둔갑할 수밖에 없습니다.

이런 막중한 임무가 주어진 가운데 만약 아이에게 문제가 발생하면 남편은 모두 아내 탓으로 돌립니다. 이보다 더 나쁜 경우는 엄마가 자신의 아이만을 감싸고 위하는 육아법입니다. 자신의 육아법이 최고라는 착각 속에서 다른 아이와의 경쟁에서 이기기를 바라고, 아이를 영웅처럼 보이듯 키우는 것입니다. 이런 것을 두고 '신데렐라' 육아법이라고 합니다.

모처럼 친구들과 만나 즐겁게 놀고 있는 아이에겐 매우 귀중한 시간인데, 엄마가 생뚱맞게,

"지금까지 놀고 있으면 어떡하니! 학원에 늦겠다!"

라며 야단쳐 아이를 불러들이는 것은 손가락을 부러뜨리는 것처럼 잔인한 것입니다.

엄마의 욕심 때문에 강제로 시키는 교육은 『신데렐라』의 내용처럼 발에 맞지 않는 유리 구두를 무리하게 신기는 것과 같은 논리입니다.

만약 엄마가 감정적으로 아이를 야단친다면 아빠는 엄마의 정신 상태에 대한 따뜻한 주의를 기울일 필요가 있습니다. 엄마에게 양육의 부담이 지나치지 않은지, 집안 살림이 엄마에게 너무 과중하지는 않은지 반드시 살펴볼 필요가 있습니다.

엄마 역시 내 자식만 소중하다는 식의 육아법을 삼가고, 자신의 어려움이나 가정교육에 대해 주변의 다른 엄마들의 조언을 구해 해결하는 것도 바람직합니다.

part 2

나쁜 버릇과 실패는 원인 파악이 중요하다

버릇을 야단으로 고치면 역효과가 난다.

엄마는 초등하고 1, 2학년 때 야단과 격려를 병행해 왔습니다. 하지만 고쳐지지 않았습니다.

초등학교 3학년 남자아이와 한 살 아래의 여동생 일화입니다.

남자아이는 성격이 느긋하고 얌전하면서 마음이 곱습니다. 남자아이는 동작이 느린 것이 단점으로 이를 고치기 위해 엄마는 초등하고 1, 2학년 때 야단과 격려를 병행해 왔습니다. 하지만 엄마의 바람대로 고쳐지지 않았습니다. 그러자 엄마는 3학년이 된 아이에 대해 '이러면 안 되겠다.'라는 생각으로 아이의 자각을 기다려 보기로 했습니다. 그러자 아이에게 여러 가지 버릇이 생기기 시작했습니다.

아이는 자신도 모르게 고개를 좌우로 흔들고, 위아래로 끄덕이면서 혼자 중얼거리고, 주위를 두리번거리고, 손바닥을 얼굴 앞에서 돌리면서 '어흠!' 소리를 내기도 했습니다.

한 가지 버릇이 나오고 다른 버릇이 시작되는 기간은 대략 1개월에서 1개월 반 정도 소요되었습니다. 엄마는 또다시 '그러면 안 돼!'라며 야단을 쳤습니다. 그러나 아이의 버릇은 여전히 고쳐지지 않았습니다. 이런 일이 발생된 원인은 집에서 엄마로부터 꾸준히,

"그러면 안 돼!"

라고 야단맞고, 학교에서는 친구들이 이상한 별명을 붙여 놀렸기 때문입니다.

이것들을 모르는 엄마는 아이가 긴장해 있다고 판단해 본인에게 물어보기도 하고 담임선생님과 상담까지 했습니다. 하지만 전혀 문제가 없었습니다. 엄마는 아이의 문제를 해결하지 못하고 다음에는 또 어떤 버릇이 나올까라는 걱정만 했습니다.

사람에겐 누구나 버릇이 따라다닙니다. 그렇지만 버릇은 본인의 의지와는 달리 자신도 모르게 나오는 것입니다. 이런 이유를 모른 채 부모는 버릇을 고치기 위해 야단을 쳐 도리어 의식시켜 주는 꼴이 되어 고쳐지지 않은 것입니다. 이런 경우 야단을 친다는 것은 아이에게 도움이 되지 않습니다.

다른 예를 들어보면 손가락을 빠는 어린아이의 버릇을 고쳐주기 위해,

"이것 봐, 또 빨고 있어."

라고 잔소리를 하거나 손을 때리면 심한 집착으로 빠지게 됩니다.

이런 버릇은 아이가 불안하거나 불만족스러움에서 나타나기 때문에 원인을 해결하지 않고는 고칠 수가 없습니다. 다시 말해 아이를 주의 깊게 관찰하면서 아이가 외로움을 느끼지 않는지 정확한 원인에 대해 생각할 필요가 있습니다.

원인을 파악했다면 아이와 함께 놀아 주거나 책을 읽어 주거나 가끔 잠들 때까지 곁에 있어 주기도 하면서 대응하는 것

친구들과 원활하게 놀 수 있게 만들어 주거나, 부모가 함께 놀면서 흥밋거리를 유발해 주면 해결됩니다.

이 효과적입니다.

또한 아이가 성기를 만지는 버릇도 있습니다. 이럴 때도,

"안 돼!"

라고 야단을 치면 오히려 그것을 각인시켜 주는 꼴이 됩니다. 이 버릇은 아이가 흥밋거리나 재미를 느끼지 못할 때 나타납니다. 이럴때는 친구들과 원활하게 놀 수 있게 만들어 주거나, 부모가 함께 놀면서 흥밋거리를 유발해 주면 해결됩니다.

전문의에 따르면 유아의 자위행위를 부모들이 알아채지 못할 뿐이지 대부분의 아이가 즐기고 있다고 합니다. 이것은 성장하면서 오래가지 않고 점점 없어지기 때문에 염려할 필요가 없다고 합니다.

아이의 실패를 야단보다 위로를 하면
아이의 성취감이 배가 된다.

엄마의 요청으로 아이가 접시를 나르다가 떨어트려 깨고 말았습니다. 그러자 엄마는 화를 내며,

"왜 그러니? 이런 것 하나도 제대로 못 하는 나이이니?"

라고 야단쳤습니다.

이것은 아이 입장에서 보면 억울한 것입니다. 접시를 떨어트려 깰 수도 있는 아이에게 요청한 것은 엄마의 잘못으로 엄마가 도리어 사과하는 것이 맞습니다.

다시 말해 실수를 저지른 아이에게,

"접시를 깨트렸구나. 조심하지 그랬니. 괜찮아. 너에게 무리한 것을 시켰구나. 미안해."

라고 위로의 말을 해주면 아이는 안심할 것입니다. 점시를 깨트린 아이는 스스로의 실수에 매우 실망해 있기 때문입니다.

"접시를 깨트렸구나. 조심하지 그랬니. 괜찮아. 너에게 무리한 것을 시켰구나. 미안해."

아이가 어떤 일을 도와주는 것은 대부분 부모가 시킨 경우가 많습니다. 부모가 아이에게 일을 시킬 때는 강압적이기보다는,

"신문을 챙기는 것은 민수가, 어항에 고기밥은 선화가 맡도록 하자."

라고 미리 약속하는 방식으로 하면 좋을 것입니다. 그러나 대부분 이런 약속을 아이 스스로 잊어버리는 경우가 많습니다. 이럴 경우엔 부모는,

"역시 너에겐 아직 이르다고 생각했어. 금방 잊어버리잖니."

라며 핀잔하기 쉬운데 그래서는 안 됩니다. 이런 부모의 핀잔은 아이로서 명령하는 상관의 입장으로 받아들일 것입니다. 부모는 아이의 상관이 되어서는 안 되기 때문에 항상 눈높이가 같아야 합니다.

또한 부모의 성의가 부족해 아이가 약속을 잊어버리는 경우도 있습니다. 예를 들면 무심코 아이들은,

"방학이 되면 아침 6시에 일어나 산책할 거야."

라는 약속을 하는 경우입니다. 이럴 경우엔 부모가 장난삼아,

"어디 지켜지는지 두고 보자!"

라고 해서는 안 됩니다. 아이가 스스로 어느 정도의 노력으로 해낼 수 있는 약속인지 아닌지를 반드시 살펴봐야 합니다.

만일 6시에 일어나는 것이 어렵다고 생각되면 엄마는 아이

에게,

“그렇게 빨리 일어나면 엄마가 피곤하잖니? 그러지 말고 7시로 하면 어떻겠니?”

라며 유도해 주는 것이 좋습니다. 이렇게 유도하여 아이가 약속을 지켰을 경우에는 스스로 성취감을 느낄 수 있으며, 성장하면서 무리한 약속을 하지 않을 것입니다.

이렇게 해도 약속이 이행되지 않았을 때 아이는 스스로 ‘실패’라고 생각할 것입니다. 이럴 경우 부모가 위압적으로,

“내 말이 맞지! 네가 약속을 지킬 리가 없지.”

라고 한다면 그 다음부터 아이는 약속은커녕 설자리까지 없어집니다. 그래서

“얘야, 너무 아깝구나.”

라는 위로의 말을 해 주는 것이 좋습니다.

무엇보다 중요한 것은 아이가 무언가를 제대로 이행했을 때의 성취감을 소중히 간직할 수 있도록 배려하는 것입니다.

“그렇게 빨리 일어나면 엄마가 피곤하잖니? 그러지 말고 7시로 하면 어떻겠니?”

아이는 실패를 겪으면
성격이 소극적으로 변하게 된다.

성격이 소극적인 아이에게는 무언가를 성취했을 때의 좋은 기분을 느끼게 하는 것이 중요합니다. 그러면서 칭찬과 함께 '하면 된다.'라는 자신을 부여해 줍니다. 만약 아이가 주저할 때도,

"애야, 한번 해보지 않겠니?"

라는 격려의 말이 필요합니다.

아이에 대한 기대가 너무 높아진다면, 감정 섞인 야단이 튀어나옵니다. 더구나 아이가 열심히 노력해도 그것을 인정하지 않고 결과만 평가해 버립니다.

보편적으로 성격이 소극적인 이유는 선천적이 아닌 가정환경 때문입니다. 예를 들면 부모가 상관처럼 아이 위에서 군림하는 입장이나, 기대가 너무 지나칠 때입니다.

아이에 대한 기대가 너무 높아지면 흔히 부모는 내 자식이니까, 당연하게 이 정도는 괜찮겠지? 라는 생각으로 감정 섞인 야단이 튀어나옵니다. 더구나 아이가 열심히 노력해도 그것을 인정하지 않고 결과만 평가해 버립니다. 그렇게 되면 아이는 자신의 실력 이상을 발휘해야 하기 때문에 행동 자체가 부자연스러워집니다.

사례

대학시절까지 사람들 앞에서는 말을 잘 못 하는 친구가 있었습니다. 이것은 자신에 대한 요구가 너무 높았기 때문이라고 생각합니다. 어느 날 나는 그 친구를 자유분방한 동아리에 억지로 데려갔습니다. 그는 그 순간부터 허세가 벗겨지면서 자신의 감정을 솔직하게 털어놓을 수 있게 되었습니다.

그의 소극적인 성격은 부모로부터 받은 영향이었다고 생각됩니다. 그 친구의 이야기를 빌리면 이렇습니다.

"내가 어렸을 때 버스를 탔는데 화장실 냄새가 내 코를 찔렀어. 그래서 난 코를 움켜쥐면서 '아휴, 냄새가 지독해, 엄마.'라면서 주변을 둘러보니 차 안에 화장실을 청소하는 사람이 타고 있었지. 그때 엄마가 '얘야, 그런 말을 하면 실례가 된다.'라며 야단을 치셨어. 이것은 부모님께서 직업에는 귀천이 없다는 신념에서 말씀하신 게 아니라, 우리 집 아이가 버릇이 없어서 창피하다는 이유였어."

다시 말하면 지식인들의 허세나 교양, 체면 등을 내세워 훈계한 것입니다. 부모는 아이의 행동을 바로잡아 주기보다는 아이의 행동이 부끄러웠던 것입니다. 이런 목적으로 야단치면 아이는 소극적이 되고 또한, 공공장소에서 아이에게 야단치는 것은 좋지 않습니다.

엄마가 '얘야, 그런 말을 해서는 실례가 된다.'라며 야단을 치셨어.

선의의 실패와
그렇지 않은 실패에 대한 대처 방법

아동심리학자 피아제는,

"아이는 8살 정도까지는 결과론입니다."

라고 했습니다. 이 말을 풀어보면 다음과 같습니다.

민지는 엄마를 돕기 위해 접시를 옮기다가 넘어져 깨트리고 말았습니다. 한편, 수철이는 몰래 음식을 집어먹는다고 야단을 맞은 후에 엄마가 없을 때 찬장에서 과자를 꺼내다가 접시에 금이 가고 말았습니다. 이 예제를 두고 유아단계의 아이에게 '어느 쪽이 더 나쁜 아이일까?'라고 물으면,

"민지 쪽이 더 나빠!"

라고 대답합니다. 그 이유를 물어보면,

"접시를 깨트렸으니까!"

라고 대답합니다.

아이의 '민지가 접시를 깨뜨렸기 때문에 수철이보다 나쁘다.'라는 생각은 아이의 결과론적인 생각입니다. 이 단계에서부터 점차적으로 행위의 동기까지 성장해 가는 것입니다. 피아제는 이런 결과를 말한 다음,

"발달이 늦어지는 이유는 엄마가 스스로 느낀 물질적 피해에 대한 크고 작음에서 아이를 심하게 야단치기 때문이다."

라고 했습니다.

이것은 한마디로 엄마 쪽의 결과론입니다. 처음부터 착한 일로 생각해 돕다가 접시를 깬 것임에도, 나쁜 일로 접시에 금이 가게 한 것보다 더 심하게 야단치는 것입니다. 그렇기 때문에 아이도 항상 결과론에서 벗어나지 못합니다.

역설적으로 말하자면 부모가 아이의 마음을 잘 모르기 때문이라고 풀이됩니다. 따라서 아이가 착한 일을 할 생각으로 했지만, 과정에서 실패했을 때에는 최소한 엄마는 아이의 기분을 헤아려 주어야 합니다.

만약 아이의 마음을 헤아려 주지 않으면 아이는 스스로 실패라는 상처에 못이 박힐 것입니다. 이와 같은 처지에 놓인 아이의 상처를 모른 채 야단만 친다면 엄마로서 아이의

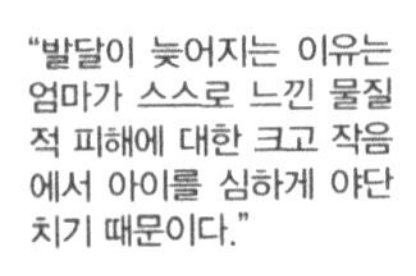
"발달이 늦어지는 이유는 엄마가 스스로 느낀 물질적 피해에 대한 크고 작음에서 아이를 심하게 야단치기 때문이다."

선의를 무시하는 처신입니다. 그렇게 되면 아이는 모든 것을 악의를 가지고 받아들여 정신적인 성장에 문제가 따릅니다.

이런 식으로 야단맞은 아이는 유치원에 입학한 뒤에야 비로소 문제의 행동이 발견됩니다.

한 아이가 벽에 손을 짚고 서 있을 때, 반대쪽에서 달려오던 아이가 1~2m정도 앞에서 갑자기 멈추면서,

"나를 괴롭히지 마!"

라며 화를 냈습니다. 그때 선생님께서,

"얘야, 무슨 일이니?"

라고 묻자 그 아이는,

"저 아이가 내가 지나가려고 하는데 막고 있어요."

라고 대답했습니다. 그때 벽에 서 있던 아이는 황당한 표정을 지었습니다.

또 자신이 앉으려고 할 때 의자가 없으면 아이는,

"저 아이가 내 의자를 가지고 갔어."

라고 말합니다. 피아제의 설에 의하면 그것이 악의인지 아닌지를 구분하는 단계는 초등학교 저학년을 지나야만 알 수 있다고 했습니다. 하지만 유치원에서 훌륭한 가르침을 받은 아이들은 초등학교에 들어가면서부터 구분할 수 있다고 합니다. 훌륭한 가르침이란 선생님이 항상 아이의 선의를 믿으면서,

"내 생각에 이것을 하고 싶었던 거구나."

라는 말을 다른 친구들 앞에서 대신 해준 것입니다.

실제 이런 방법을 적용하고 있는 유치원의 예를 들겠습니다. 아이들이 만든 찰흙 공예가 다음 날 아침에 모두 망가져 있었습니다. 아이들은 다른 반 아이들이 함께 있었다는 것을 알고 항의하기 위해 다른 반으로 갔습니다.

"무엇 때문에 우리가 만든 찰흙 공예를 부쉈지?"

라고 물었습니다. 그러자,

"너희 반이 어지럽혀져 있어서 책상을 정리하던 중에 떨어

"저 아이가 내가 지나가려고 하는데 막고 있어요."

져 부서졌어. 미안해."

라고 대답했습니다. 그러자 아이들은,

"아~ 그래. 일부러 부순 것이 아니구나."

라면서 아이들의 오해가 풀려서 해결되었습니다.

이것은 아동심리학에서 8살까지 동기를 사고하는 것이 무리라는 것을 놓고 볼 때 최고의 보기입니다. 이것은 어떤 집단이나 무리에서 행해지기 때문에 가정에서 교육이 필요한 것입니다.

결론적으로 아이가 엄마를 도우려다가 실패했을 때,

"민지가 일부러 그런 게 아니잖니? 엄마를 도와주려다 접시가 미끄러져 그렇게 되었지. 접시가 아깝지만 괜찮다."

라고 해준다면 아이 스스로 일부러 행한 행동과 그렇지 않은 것과의 차이와 더불어 화를 내어도 괜찮은 것과 그렇지 않은 것을 알게 되는 것입니다.

그렇기 때문에 엄마는 기본적으로 항상 아이가 행한 선의를 신뢰하고 격려해 주는 자세를 가져야 할 것입니다.

100점짜리 야단법은
생각 없는 야단보다 생각 있는 야단이다.

사례

어느 유치원에서 있었던 이야기입니다. 유치원 졸업을 앞둔 아이의 부모들은 초등학교 입학에 대한 조언을 듣기 위해 아이들을 데리고 초등학교 선생님을 찾아갔습니다.

엄마가 선생님과 대화하고 있던 중 한 아이가 심하게 장난쳤습니다. 그러자 엄마가,

"조용히 있어! 그런 장난은 안 돼."

라고 야단쳤습니다. 그러자 상담 선생님은 아이 엄마에게,

"괜찮습니다. 아이들에게는 장난이 일상입니다."

라고 한 다음에 아이에게,

"애야, 학교에 입학하면 장난하지 말고 열심히 공부해야 한다."

라고 말했습니다.

그 아이는,

"장난이 일상입니다."

라는 말에 힘을 얻어 다음 날부터 유치원에서 나쁜 장난만 쳤습니다. 그러자 커리큘럼이 훌륭한 이 유치원에 다니는 다른 아이가,

"장난이 너무 심하구나. 그만둬."

라며 나무랐습니다. 이 말을 들은 그 아이는,

"무슨 말이야. 초등학교 선생님께서 장난은 아이들의 일상이라고 했어. 그렇기 때문에 장난을 쳐도 괜찮은 것이야."

라고 말했습니다.

마침내 유치원 아이들은 선생님 말이 맞는지에 대해 의논했습니다. 이때 선생님께서,

"학교 선생님께서 정말 그렇게 말했어?"

라고 묻자, 다른 아이가,

"그 말뿐만 아니고요, '학교에 입학하면 열심히 공부해야 한

"괜찮습니다. 아이들에게는 장난이 일상입니다."

다.'고도 했어요."

이 말이 나오자 주제는 유치원에 있을 때는 장난만 쳐도 괜찮은 것인가로 바뀌었습니다.

그러자 여러 가지 의견이 나왔습니다. 이때 선생님께서,

"장난뿐만 아니라 떠든다는 말도 있구나. 그렇다면 이야기와 떠드는 것과의 차이는 무엇일까?"

라고 물었습니다. 아이들은 이 말을 생각해 보았지만 답이 나오지 않았습니다.

이때 선생님께서,

"여러분, 지금 무엇을 생각하나요?"

라고 묻자, 아이들은,

"답변을 어떻게 해야 좋을지에 대해 생각하고 있어요."

라고 했습니다.

얼마 후 아이들은,

"'떠든다'는 것은 생각 없이 입이 마음대로 장난하는 것이고, '이야기'는 머리를 사용해서 입을 움직이는 것입니다."

라는 명쾌한 답을 내놓았습니다. 그 다음 '장난'은,

"생각 없이 손이나 발이 저절로 움직이는 것입니다. 그래서 놀이시간에도 생각 없이 손발이 제멋대로 움직인다면, 술래잡기를 할 때 재미없어집니다."

라고 결론을 내렸습니다.

이 결론은 유치원생이지만 매우 훌륭한 생각이었습니다. 다

시 말해 생각을 하는 것과 생각하지 않고 하는 것과의 차이를 정리했던 것입니다.

이것을 심리학용어로 다음과 같이 풀어볼 수가 있습니다.

'표출'이란 단어와 좁은 의미의 '표현'이란 단어로 생각하겠습니다. '표출'은 자신도 모르게 나온 말과 행동으로 입과 몸이 제멋대로 움직인 것입니다. 예를 들면 강의를 듣다가 지루해서 저절로 하품이 나왔다는 것과 같습니다.

하지만 마칠 시간이 지났음에도 강의가 계속되고 있어 일부러 하품을 했다면 목적이 강의를 중지시키기 위한 '표현'인 것입니다. 이것을 아이의 입장에서 정리하면 떠든다는 단계에서 이야기한다는 단계로 이동한 것입니다.

표출단계라는 확실한 증거는 야단이 계속적으로 비약되어 있는 점입니다.

엄마와 아이의 예를 들어보면, 방과 후 아이가 놀고 있자 엄마가,

"창수야, 예습과 복습은 했니?"

라고 물었습니다. 그러자 창수가 하는 수 없이 가방을 책상 쪽으로 던진 후 가려고 했습니다. 그러자 엄마는,

"이 녀석, 엄마 말에 가방을 던져?"

라고 야단치면서,

"언제부터 그런 나쁜 버릇을 배웠니? 어제는 접시까지 깨버

"창수야 예습과 복습은 했니?"
라고 묻자, 창수가 하는 수 없이 가방을 책상 쪽으로 던진 후 가려고 했습니다.

리고 말이야!"

라며 비약한 것입니다.

이 대화를 분석해 보면 엄마는 아이에게 무엇을 타깃으로 야단치고 있는지를 모릅니다. 결국,

"공부해라."

라는 말을 제외하면 지난날의 잘못만 열거되고 있습니다. 이에 따라 아들 창수는 창수대로 풀이 죽으면서 부모는 부모대로 앞으로 이 문제에 대한 해결방법만 생각하게 될 것입니다.

따라서 이런 비약적인 야단은 아이에게 혼란을 줄 뿐 아무런 도움이 되지 않습니다. 오히려 엄마가 야단을 치면 아이는 '야단치세요.'라며 소귀에 경 읽기 식이 될 것입니다. 이런 상황에 놓이게 되면 불안과 초조함이 늘어나는 것은 엄마뿐입니다.

엄마는 아이가 어떤 행동을 할 때 생각 없는 야단보다 그에 대한 원인이나 이유를 잘 파악한 다음 야단을 쳐야만이 아이를 바르게 성장시킬 수가 있습니다.

아이의 작은 실수는
간단한 야단으로 처리한다.

엄마의 잔소리나 야단은 종종 주어진 상황에 따라 분노로 폭발됩니다. 이를 방지하기 위한 방법으로 '엄마 일과표'를 만드는 것이 좋습니다.

물론 '엄마 일과표'를 만드는 것 자체가 귀찮을 수도 있습니다. 하지만 가능한 한 일과 중 한두 개의 중심을 만드는 것도 아이의 교육에 많은 도움을 줍니다. 엄마는 일과표대로 지키는 것에 대한 어려움과 아이가 자기의 일과표대로 공부하기 싫어하는 기분까지 느낄 수도 있습니다. 엄마가 일과를 지키려는 모습을 보여준다면 아이 역시 자신의 일과를 지키려고 할 것입니다.

그렇다면 일과표를 어떻게 만드는 것이 효과적일까요?

예를 들면 몇 시부터 몇 시까지 텔레비전을 시청하는 시간으로 정해 두고 실천하면 좋을 것입니다. 엄마는 텔레비전 앞에 노트를 가지고 앉은 다음 아이에게,

"지금 엄마의 일과는 텔레비전을 보는 시간이야."

라며 신중하게 텔레비전을 보면 훌륭한 본보기가 될 것입니다. 그리고 정해진 방송이 끝나면 텔레비전을 끄고 주어진 일상으로 돌아갑니다. 그런 엄마의 모습에서 아이는 질서 있는

엄마가 일과를 지키려는 모습을 보여준다면 아이 역시 자신의 일과를 지키려고 할 것입니다.

생활을 느낄 수가 있습니다. 이것이 아이에게,

"텔레비전 그만 보고 공부해라!"

라는 잔소리를 수백 번 하는 것보다 나을 것입니다.

또한 잔소리하는 시간도 엄마의 일과표에 넣어두는 것도 효과적입니다. 7시가 되기 전까지 엄마는 아이에게 '오늘은 어떤 것을 말할까?'라며 미리 생각해 두어야 합니다. 아이에게 야단칠 때 충동적이지 말아야 하며, 한정된 시간은 15분이면 매우 적당합니다. 이때 하나의 내용으로 축약해서 그곳에 초점을 맞춘 다음 엄마의 생각을 확실하게 말해야 합니다. 예를 들면,

"오늘은 숙제만 말하고 학용품을 정리하는 방법은 내일 말

하자."

라고 정하는 것입니다. 그러면 아이는 6시 45분 정도가 되면 스스로 '이제 시작이구나.'라고 생각하고 미리 자신의 상황을 살피고 필요한 것을 준비할 것입니다. 그러면 아이는 자신의 할 일을 했기 때문에 엄마의 눈을 자신 있게 볼 것입니다.

만약 아이가 자신의 할 일을 챙기지 못했을 경우엔 엄마의 눈을 쳐다볼 수가 없을 것입니다. 왜냐하면 야단을 맞는다는 생각에 이리저리 눈치만 살필 것이기 때문입니다. 하지만 논리적인 야단을 맞고 나면 다음엔 자신이 맡은 일을 잘해낼 것입니다.

덧붙여 정해진 시간에 하지 못했더라도 조급해하지 말고 여유를 갖는 자세가 되어야 합니다. 그리고 아이를 야단칠 때 아이에게,

"알겠니? 알겠어."

"그래, 그러면 되겠구나."

라는 설교적인 말을 반복적으로 덧붙이지 말아야 합니다. 요즘 아이들은 순종적이었던 옛날 아이들과 달라서,

"알았어요."

"네."

라는 대답을 잘 하지 않습니다. 그 이유는 대답하지 않는 것이 옳다고 생각하기 때문입니다.

이 외에 곧바로 야단쳐야 할 경우도 있습니다. 예를 들면 아

이 둘이 싸움을 하고 있을 때 야단을 치거나 말리지 않으면 어느 한쪽이나 양쪽 모두 상처를 입는 경우입니다. 또한 불장난이나 위험한 물건을 가지고 놀 때 곧바로 멈추게 하지 않으면 안 됩니다.

그러나 대부분 잔소리의 근원은 엄마의 신경을 거슬리는 행동에서 나오는 것으로, 이것은 곧바로 야단쳐야 되는 것이 아닙니다. 아이가 어려서 말귀를 못 알아들을 것이라고 판단하고 곧바로 야단치는 것은 삼가야 합니다. 아이가 잘못을 했을 경우 잔소리를 하기 전에 미리 '아이가 무엇을 원할까? 무엇 때문에 이렇게 행동할까?'라고 다시 생각을 해본 다음 잔소리를 하면 좋은 잔소리가 될 것입니다. 보편적으로 초등학생이 야단맞는 주제가,

"공부해라."

입니다. 객관적으로 생각해도 엄마의,

"공부해라."

라는 잔소리의 횟수가 너무 많습니다. 엄마의 이런 잔소리는 학교성적에만 얽매여 아이를 판단하기 때문입니다. 공부의 목적은 이런 것이 아니라 스스로 노력하여 진실을 발견하는 자세를 만드는 것입니다.

성적표는 학교 선생님이 많은 아이들을 맡아, 일 년 동안의 계획을 세우기 위해 단계별로 평가하는 데 사용하는 것입니다. 그런 의미에서 사용되는 성적표에 부모가 낮은 점수를 받

앉다고 잔소리하는 것은 잘못된 것입니다.

방과 후 집에서 하는 공부에 대해 잔소리로 해결하려는 생각은 버리고 보다 현명하게 일과의 일부분으로 하는 것이 좋을 것입니다. 이때 일과 중 숙제시간이나 예 · 복습시간을 자연스럽게 세워 두는 것도 좋은 방법입니다.

엄마는 아이의 일과를 숙제하는 시간으로 생각하겠지만, 이와 반대로 아이는 집에 돌아오면 무엇을 하고 놀까 생각합니다. 또한, 아이가 무엇을 하려고 맘먹은 계획을 엄마 마음대로 변경시키는 경우가 많습니다.

예를 들면 엄마가 아이에게,

"이제 곧 7시다."라고 미리 말하는 것보다 5분 정도 여유를 가지면서 "어머, 벌써 7시가 넘었구나."라는 말로 넌지시 공부를 유도하는 것이 더 효과적입니다.

"때마침 잘 됐구나. 삼촌 댁에 심부름을 갔다 오너라."

하는 경우입니다. 이럴 경우 아이는 당연하게 반발할 것이고, 이에 부모는 말을 듣지 않는다며 야단을 칠 것입니다.

그렇기 때문에 숙제나 예·복습뿐만 아니라 집안일을 돕는 것도 아이의 일과 속에 정해 두는 것이 좋을 것입니다. 또한, 아이에게 공부만을 강요하고 집 안에서 일어나는 모든 일에 대해 무관심해도 좋다는 생각은 버려야 합니다. 공부를 시킬 때에도 강요하기보다는 정해진 시간이 되면,

"이제 곧 7시다."

라고 미리 말하는 것보다 5분 정도 여유를 두고,

"어머, 벌써 7시가 넘었구나."

라는 말로 넌지시 공부를 유도하는 것이 더 효과적입니다.

엄마가 아이에게 재촉하지 않아도 아이는 약속된 시간이 되면 공부할 것입니다. 그런데 엄마가 재촉을 한다면 반발심이 생겨 공부를 하지 않거나 싫어하게 될 것입니다. 그러므로 엄마는 아이의 심정을 잘 읽어야 합니다.

공부에 대한 100점짜리 야단법과 칭찬법

부모가 아이를 칭찬하거나 야단치는 것은 아이를 올바른 길로 성장시키기 위한 방법입니다. 올바른 길로 성장시키는 것은 물론이고 학력도 좋아야 하기 때문에 학업을 중요시하는 것이 현실입니다. 그러나 학업을 외형적인 것, 책상에 앉아 있는 시간이나 받아 온 점수로 생각하는 경우가 대부분입니다. 더구나 부모는 아이가 공부에 흥미가 있는지, 없는지에 대해서는 별로 신경을 쓰지 않는 경향이 있는데, 이것은 잘못된 생각입니다.

"몇 학년이지? 3학년인데 그것도 몰라서 묻는 것이니?"

아이가 공부에 흥미를 갖거나 혹을 잃거나 하는 것은 호기심 많은 아이가 부모에게 자신의 궁금증에 대해 질문했을 때 부모의 대답하는 방법에 따라 달라집니다. 예를 들면 아이가 한자에 대해 질문했

을 때 엄마는 자신이 알고 있는 것을 묻는다며 이렇게 말할 것입니다.

"몇 학년이지? 3학년인데 그것도 몰라서 묻는 것이니?"

라면서 숨 돌릴 시간도 없이 나무랍니다. 아이가 공부에 흥미를 갖게 되는 중요한 시점에서 이런 나무람은 독이 됩니다. 하지만 여기에도 모순점이 따릅니다. 모순점은 엄마가 아이에게 가르쳐준 답이 틀린 경우입니다. 한자의 경우 한자의 획순이 맞지 않거나 글자의 점이 빠지는 등 잘못된 것이 약 30%나 된다는 전문가들의 이야기입니다. 만약 아이에게 가르쳐준 답이 틀린 경우에는 엄마가 아이에게,

"어제 내가 가르쳐 준 글자가 틀렸단다."

하면서,

"미안해서 어쩌니? 그럼 어떻게 쓰는지 엄마랑 다시 한 번 공부해 볼까?"

하고 정정해 주어야 합니다.

여기서 엄마는 아이에게,

"이상하구나. 지금은 그런 글자로 쓰고 있니?"

라며 변명을 늘어놓고 자신의 잘못을 인정하지 않는 것은 옳지 않습니다. 이렇게 되면 아이는 글자를 외우는 것이 자신의 지식을 쌓기 위한 노력이 아니라 오로지 점수를 받기 위한 수단으로 생각할 것입니다.

일반적으로 아이들은 엄마가 글씨를 제대로 못 써도 아무런

상관을 하지 않습니다. 또 엄마가 글씨를 모른다고 해서 비웃지 않습니다. 모르면서 아는 척하는 것이야말로 아이들을 조롱하는 것이 됩니다. 이럴 경우엔,

"미안해. 오래전에 배웠는데, 엄마가 잊어버렸구나."

라고 말하는 것이 좋습니다. 그리고 엄마가 글자를 제대로 써주지 못했다면, 잘 기억해 두었다가 다음 날에 아이가 학교에서 돌아오면,

"어제 엄마가 못 쓴 글자를 가르쳐줄 수 있겠니?"

하면서 배우는 자세가 되어도 좋을 것입니다. 이때 엄마는 엽서를 아이에게 내밀면서,

시간에 구애받지 말고 사전을 직접 찾아보게 하는 것이 아이에게 더 큰 교육 효과를 부여할 수가 있습니다.

"이곳에 적어줄 수 있겠니?"

라고 한다면 아이는 더욱 자신감이 생길 것입니다.

더불어 아이는 학교에서 배우고 있는 것에 대해 매우 가치 있게 생각하게 됩니다. 만약 아이가 무언가 물었을 때 엄마 스스로 정확한 답을 말하지 않으면 창피하거나, 아이가 무시할까 봐,

"다른 생각에 머리가 아프다. 아빠에게 물어봐라."

라고 대답을 회피한다면, 이런 방법은 야단보다 더 나쁜 행동입니다.

영어문제라면 아이에게 영어사전을 찾는 방법을 가르쳐주는 것도 좋습니다. 부모가 아이에게,

"이런 글자도 몰라? 잘 봐라, 이렇게 쓰는 것이야."

라고 해서는 안 됩니다. 그 이유는 아이에게 답을 가르쳐주었다고 공부에 흥미를 가지진 않습니다. 따라서 시간에 구애받지 말고 사전을 직접 찾아보게 하는 것이 아이에게 더 큰 교육효과를 부여할 수가 있습니다.

인사에 야단이란 강요가 포함되면 안 된다.

별것 아닌 작은 일로 아이에게 야단치는 예가 바로 '인사'입니다.

유치원에 다니는 여자아이가 있습니다. 아침에 유치원에 오지만 선생님에게,

"안녕하세요."

라는 인사를 하지 않는 아이였습니다. 이 인사말을 자연스럽게 하기까지 약 4개월이 걸렸습니다.

인사란 알고 있는 사람끼리 따뜻함을 주고받는 것이기 때문에 얼굴만 보면서 가볍게 웃는 것도 좋습니다.

4개월 동안 엄마는 아이에게,

"선생님에게 제대로 인사해야 한다."

라고 끊임없이 말했습니다. 이런 이유 때문인지 아이는 3개월이 지나면서 말을 더듬었습니다. 아이에게 낯선 유치원생활은

부담스러운 일이었습니다. 거기에다 엄마의 강요는 아이를 더 힘들게 했을 것입니다. 아이가 유치원에 가길 희망하였더라도 아이가 유치원에서 적응할 기간이 필요합니다.

그렇다면 인사에 대해 생각해 보겠습니다. 이제 막 유치원에 다니는 아이에게 야단을 쳐가면서 인사를 강요할 필요가 있을까요? 아이가 그냥 단순하게 방긋 웃는 것이나,

"안녕!"

이라고 했더라도 이해해 주었더라면 어땠을까요?

인사란 알고 있는 사람끼리 따뜻함을 주고받는 것이기 때문에 얼굴만 보면서 가볍게 웃는 것도 좋습니다. 하지만 인사에도 예의가 포함된 것이 있습니다. 다시 말해 예의가 있는 인사란 자신의 마음을 상대에게 숨기기 위한 것이고, 상대와 자신과의 거리를 확인하는 것이기도 합니다.

만나는 상대가 먼저,

"오늘 날씨가 몹시 덥군요."

라고 했을 때,

"그렇습니다. 30도라고 합니다."

라고 한다면 무슨 인사가 되겠습니까? 이 대화의 목적은 오늘 날씨가 덥다는 사실을 확인하는 것이 아닙니다.

"더운 날씨에 수고 많습니다."

라는 뜻으로 정중함의 차이가 있는 것입니다. 그래서,

"오늘 날씨가 몹시 덥군요."

라는 말 대신,

"언제 시간이 되면 우리 집에도 놀러 한번 오시지요."

라는 것이 훨씬 의미 전달이 좋습니다. 물론 내용은 다르지만 정중함이 묻어 있는 인사입니다.

하지만 아이들에게 이와 같은 예의적인 인사를 강제로 숙지시킬 필요는 없습니다. 그 이유는 아이가 상대방에게 친숙함을 느끼는 방법이 다양하기 때문입니다. 예를 들면 어느 날 집에 낯선 사람이 오자 어린아이는 자신에게 해가 되는 손님이 아니라고 판단해 다가가서 방긋 웃습니다. 이때 손님은,

"어머, 이것 봐, 손님인 나에게 인사를 하네?"

라고 말한다면 아이는 다음부터는 인사하지 않을 것입니다. 그러므로 아이가,

"안녕."

이라고 하면,

"귀엽고 똑똑하구나!"

라고 대꾸해 준다면 아이는,

"귀엽고 똑똑하구나!"

라는 말이 기쁜 인삿말로 기억될 것입니다.

앞에서도 언급했듯이 만났을 때 서로의 인정과 호의가 들어있는 인사는 반드시 중요합니다. 이에 따라 엄마가 아이에게 이런 인사를 바란다면 인사를 못한다고 야단치지 말고 부모가

"어머, 이것 봐, 손님인 나에게 인사를 하네?"

모범을 보이면 자연적으로 따라할 것입니다.

어떤 선생님께서,

"요즘 초등학생들은 인사를 잘 하지 않습니다."

라고 하자 상대방이,

"그럴 때 선생께서는 가만히 계셨습니까?"

라고 물었습니다. 그러자 선생님은,

"아이가 인사를 하지 않기에 말씀드린 것입니다."

라고 했습니다. 이것은 인사도 대화도 아닙니다. 인사는 먼저 상대방을 본 쪽이,

"안녕하세요?"

라고 하면 상대 역시,

"안녕하세요."

하면서 서로 나누는 것입니다.

그렇기 때문에 엄마가 자신의 창피를 모면하기 위해 아이에게,

"얘야, 인사는 했니?"

라며 강요해서는 안 됩니다. 만약 아이가 어른에게,

"어이, 안녕!"

처럼 놀라게 하는 인사라도 그냥 자연스럽게 받아주는 것이 좋습니다.

하지만 초등학교 3~4학년 정도일 때,

"어른에겐 그렇게 인사하면 안 돼요."

라고 깨달아 상대의 기분을 소중하게 생각한다면, 어느 정도 자신의 말이나 행동을 선택도록 요구해도 무방합니다.

지각은 어릴 때부터
아이 스스로 알게 해야 한다.

아이가 아침에 등교하기 전은 어떤 가정이나 엄마들이 바쁘게 움직입니다. 이처럼 정신이 없다 보면 자신도 모르게 아이에게 재촉하는 야단을 칠 경우가 있습니다. 아이의 등교는 재촉한다고 준비되는 것이 아닙니다. 그렇기 때문에 아침이면 아이를 재촉하느라 엄마는 한바탕 전쟁을 치르게 됩니다. 매일 아침마다 엄마가 이렇게 재촉하다 보니 아이는 습관처럼 받아들여 등교전쟁이 되풀이되는 것입니다.

지각이 아이 스스로의 책임이라는 것을 저학년 때부터 습관화시켜 주어야 합니다.

이런 버릇을 고치기 위해서는 매일 재촉하지 말고 꾸준하게 아이 스스로 할 수 있도록 배려해 주는 것이 중요합니다. 배려에서 필요한 것이 바로 가정교육입니다. 예를 들면 동작이 느린 아이는 짧은 시간 속에서 분주하게 말하기보다는 조금 빨리 깨워줘야 합니다. 일찍 일어

나게 하기 위해서는 저녁에 취침시간을 조절해 주면 됩니다. 이런 일을 반복적으로 습관화시켜 주면 머지않아 아이 스스로 알아서 행동할 것입니다.

두 엄마의 경우를 예로 들어보겠습니다.

엄마가 아이에게,

"넌 항상 느리기 때문에 도저히 고칠 수가 없구나. 지각해도 괜찮으니까 선생님께 지각하는 이유를 말해라."

이렇게 말했습니다. 그러자 아이가 화가 나서,

"몰라!"

라면서 나갔습니다. 그때 엄마는 학교 선생님에게,

"선생님, 죄송합니다. 오늘 가정교육 목적 때문에 아이를 지각시켰습니다. 양해해 주시면 감사하겠습니다."

라고 말했습니다.

이런 식의 해결방법은 옳지 않습니다. 지각이 아이 스스로의 책임이라는 것을 저학년 때부터 습관화시켜 주어야 합니다.

또 어떤 엄마는 매일 아침마다 아이에게 시끄럽게 잔소리하는 것이 싫어서 방법을 생각해 냈습니다. 엄마는 미술을 전공했기 때문에 종이에 삽화로 아이가 아침에 행해야 할 준비를 순서대로 그려놓았습니다.

'7시에 일어나라며 암탉'을 그렸고 그 다음은 '화장실은?' '세수는?' 등등 이어지며, 마지막에 '잊어버린 물건은 없니?'라고 물음표를 그렸습니다. 이 그림을 아이가 중학교 입학할 때까지 책상 옆에 붙여 놓았습니다. 이것은 잘 잊어버리거나 기억력이 둔한 아이를 위해 엄마가 생각한 아이디어였습니다.

이 아이디어 덕분에 아침마다 엄마의 시끄러운 잔소리가 없어도 아이는 스스로 행동했고, 아이는 엄마가 세심하게 배려하고 있다는 사실을 알게 되었습니다.

이것은 가정에서 뿐만 아니라 즐겁게 함께 살아가는 공동체에서도 정해진 약속을 스스로 행함으로써 평화로울 수 있음을 잘 말해 주고 있습니다.

종이에 삽화로 아이가 아침에 행해야 할 준비를 순서대로 그려놓았습니다.

가슴에 새겨져
항상 되살아나는 야단 방법이 중요하다.

일반적으로 성질이 급한 엄마일수록 아이가 말을 듣지 않으면 기분이 나빠져 곧바로 야단칠 가능성이 높습니다. 이것은 좋지 않습니다. 엄마의 가르침이 아이의 마음속에 들어가 평생 동안 남아 있기 때문입니다.

이렇게 말의 힘이란 매우 대단한 것입니다. 또 유아 때니까 말을 해도 못 알아듣는다고 생각해 엉덩이를 때리는 엄마들이 있습니다. 이것은 아이가 아파서 멈추는 것일 뿐 자신이 무엇을 잘못해 매를 맞는 것인지를 모릅니다. 그래서 아이가 나쁜 행동을 했을 경우엔 명확하게,

"이것은 나쁜 행동이다."

라는 말과 함께 부드럽게 가르쳐야 합니다.

좋은 말로 교육한다면 그 말들은 아이의 마음속 깊이 새겨질 것입니다. 이것이 바로 가정교육의 기본입니다. 말은 언

야단과 잔소리는 순간적인 폭발로 무리하게 해서는 안 됩니다.

제 어느 때이건 유용한 것이지만 함부로 써서는 안 됩니다. 아이에게 말로 가르친다는 것은 쉽지만은 않을 것입니다. 그러나 조급해하지 말고 천천히 가르친다면 좋은 아이로 성장할 것입니다. '아이를 보면 부모를 안다.'라는 속담처럼 부모의 솔선수범이야말로 아이의 정신적인 성장에 많은 도움이 될 것입니다.

아이가 느끼고 있는 것에 말로 표제를 붙여주는 것도 좋은 방법입니다. 예를 들면 아이가 잘 잊어버린다면, 아이의 마음속에 잘 새겨질 수 있도록 핵심이 되는 말을 부여해 주는 것입니다. 이것은 타이밍이 매우 중요합니다.

아이가 3~4살 때가 되면 보편적으로 말의 힘이 강하게 작용합니다. 이것은 감각의 발달에 말의 발달이 접목되었기 때문입니다. 하지만 이런 와중에서도 많은 실수도 따릅니다. 언행이 제멋대로 각각일 때도 있을 것입니다 이런 상황에 놓여 있다가 어느 순간 자신의 체험을 다른 사람과 공통된 말로 연결키길 수가 있게 됩니다.

그렇기 때문에 야단이나 잔소리는 순간적인 폭발로 무리하게 해서는 안 됩니다. 그 대신 지속적으로 심의하여 엄마가 생각한 말을 아이에게 정확하게 전달해 줄 필요가 있습니다.

인격을 무시하는 야단은 성격장애를 유발한다.

강요된 상담은 아이에게 부담만 줍니다.

아이는 성장하면서 부모와 독립된 스스로의 세계를 갈구합니다. 그것은 아이가 나이와 함께 점점 성장해 가는 것입니다. 그렇기 때문에 부모라고 하여 알 권리를 내세워 아이에 관해 전부 알려고 든다면 아이와 충돌하게 됩니다.

아이에게 가장 나쁜 것은 부모가,

"내 아이에 대해서는 내가 가장 잘 알고 있다."

라고 생각하는 것입니다. 이렇게 생각하는 부모일수록 아이에게 불안감을 느껴 편지를 낚아채거나 일기장을 몰래 읽어봅니다.

사례1 어느 중학교 2학년 여학생에게 같은 학교 3학년 남자 선배가 편지를 보내왔습니다. 편지를 받은 여학생의 엄마는 신경이 곤두섰습니다. 이에 엄마는 아이에게,

"이 선배는 어떤 학생이냐?"

라며 강한 어투로 물었습니다. 이에 화가 난 아이는,

"엄마는 예의도 없으세요? 엄마와 상관없는 내 편진데 왜 숨기는 것이지요?"

라고 반문했습니다. 이어서 모녀의 대화를 들어보겠습니다.

“얘야, 엄마에게 어떤 학생인지는 가르쳐줘도 되잖니.”

“엄마는 왜 그렇게 잔소리가 많으세요? 이 선배는 같은 특활반입니다.”

“3학년이면 공부에 몰두해야 하는데, 편지나 쓰는 것을 보면 분명 좋지 않은 아이 같다. 그러니까 이 선배와 친하게 지내지 마라.”

이 대화에서 알 수 있듯이 이 여학생은 엄마의 언행에 무척 화가 났습니다. 더구나 이 여학생은 아직까지 편지의 내용도 모르고 있습니다. 물론 엄마 역시 모릅니다. 따라서 이 여학생이 야단맞거나, 엄마가 야단칠 명분이 없습니다.

편지를 받은 여학생의 엄마는 신경이 곤두섰습니다.

엄마는 단지 남학생으로부터 편지가 왔다는 사실만으로 우려했던 것입니다. 이와 반대로 이 여학생은 엄마가 자신을 믿지 않는다는 생각에 심한 상처를 받았던 것입니다. 이것이 계기가 되어 이 여학생은 앞으로 남자와 교제할 때 지금의 엄마 모습이 떠오를 것입니다. 그렇게 되면 엄마에

게 비밀로 할 것이고, 더 나빠지면 몰래 남자를 만날 가능성도 있습니다. 결론적으로 이것은 엄마가 아이를 대하는 가장 나쁜 방법입니다.

또 다른 예를 들어 보면,

사례2 어느 중학교 여학생의 집으로 남학생의 편지가 왔습니다. 편지를 받은 엄마는 자신의 불안함을 딸아이에게 솔직하게 말했습니다. 엄마는,

"얘야, 엄마는 네가 여자이기 때문에 남학생에게 편지가 오면 걱정이 되는구나. 그래서 이 편지를 엄마가 읽어봐도 괜찮겠니?"

라며 딸아이에게 물었습니다.

이것은 아이에 대한 불안을 뒤로하고 아이의 허락을 구한 것으로, 부모의 권위만 내세운 전자의 엄마보다는 태도가 매우 훌륭한 것입니다. 더구나 후자에 소개된 딸은,

"괜찮아요, 엄마. 하지만 편지를 쓴 친구가 어떻게 생각할지 내일 물어보겠어요."

라고 했던 것입니다. 매우 훌륭한 대답이었습니다.

후자의 엄마는 전자의 엄마처럼 무조건 야단치거나 무리하게 묻지 않았기 때문에 후자의 여학생은 냉정하게 대답할 수 있었던 것입니다.

이 밖에 이것보다 더 나쁜 야단방법도 있습니다.

지방의 모 중학교에서 일어난 것을 예를 들겠습니다.

어느 날 A엄마가 동급생 B의 엄마에게,

"얼마 전에 우리 애와 댁의 아들이 싸움을 해서 수업 중 벌을 섰다고 합니다."

라고 했습니다. 이런 말을 들은 B의 엄마는 학교에서 돌아온 아이에게 이렇게 말했습니다.

"너는 그런 일이 있으면 가만히 있지 말고 엄마에게 이야기해야 되지 않겠니?"

"엄마와 관계가 없는데, 말해도 별 수가 없잖아요."

"그렇게 생각하니? 네 친구는 자기 엄마에게 모두 말한 것 같구나. 그래서 엄마는 너에 대해서 아는 것이 없어 자존심이 상하는구나."

"솔직하게 엄마는 나를 걱정해서 알고 싶은 것이 아니잖아요."

아이는 이렇게 생각하기 때문에 엄마에게 뭐든지 비밀로 할 것입니다. 부모는 아이가 성장함에 따라 아이 자신에게 맡겨야 할 부분도 늘어난다는 것을 인정해야 합니다. 그렇게 되면 아이는 자신의 고민거리를 자신의 재량을 발휘해 엄마와 상담해야 할 것, 아빠와 상담해야 할 것, 아빠에게 보고할 것 등을 구분해서 생각할 것입니다.

"너는 그런 일이 있으면 가만히 있지 말고 엄마에게 이야기해야 되지 않겠니?"

이에 따라 부모는 아이가 어떤 문제든 상담해 올 것에 대비해 마음의 문을 열고 항상 기다리는 유비무환의 자세가 필요합니다. 이러한 준비와 마음가짐 없이 아이의 인격을 무시한 채 억지로 아이의 마음을 비집고 들어가려는 자세는 좋지 않습니다.

만약 아이가 부모에게 상담하지 않거나, 이야기하지 않는다면 야단을 치기보다는 사전에 아이가 뭐든지 편안하게 이야기할 수 있도록 편안한 분위기를 만들어 주어야 합니다. 그럼에도 불구하고 만약 아이가 자신에 대한 이야기를 털어놓지 않는다면, 아이 스스로 이야기할 수 있을 때까지 기다려 주는 것도 좋습니다. 신뢰관계는 하루아침에 성립되는 것이 아니기 때문에 어릴 때부터 쌓아 가는 것이 중요합니다.

아이의 인격을 무시한 채 억지로 아이의 마음을 비집고 들어가려는 자세는 좋지 않습니다.

아이의 취미생활을 꾸짖지 말아야 한다.

아이는 3살 정도 되면 세상의 모든 것에 호기심을 가지기 시작합니다. 이 중에서 무엇을 모으는 일종의 취미생활을 가지게 됩니다.

예를 들면 길에 있는 돌이나 병뚜껑이나 구슬 같은 것입니다. 이것들은 청결하지 못합니다. 그렇기 때문에 그런 물건을 주워서 집으로 가지고 오면 엄마는,

"방금 청소했는데, 더러운 것은 왜 가지고 오니. 얼른 버리고 오지 못해!"

라고 야단칠 것입니다.

이것은 엄격히 말하자면 부모와 자식 사이에 신뢰를 쌓을 수 있는 기회를 놓치는 것이나 다름없습니다. 야단을 치는 대신 왜 이런 돌을 가지고 왔을까 의문을 갖고 유심히 살펴볼 필요가 있습니다.

그리고 흙이 잔뜩 묻어 있는 돌을 가지고 들어와 깨끗한 마루 위에 놓는 것을 더럽다고 생각한다면, 야단치기 전 아이에게,

"더 깨끗한 돌을 고르는 게 어떻겠니?"

라고 한다면 좋을 것입니다. 그런 다음 아이가 돌을 씻거나

닦으면 엄마는,

"우리 아기 착하구나! 정말 깨끗해졌구나."

하는 칭찬의 말을 해줍니다. 그리고 아이의 행동을 이해한다는 것을 아이에게 인식시켜 주기 위해 빈 상자에 넣고 소중하게 여겨 줍니다.

이와 같은 행동에서 아이는 자기 자신이 소중히 여겨지고 있음을 느끼고 만족해할 것입니다. 여기서 엄마는 수석전문가라도 된 것처럼 아빠에게 돌에 대한 아름다움을 설명해 준다면 금상첨화일 것입니다. 아이의 이러한 취미생활로 말미암아

"더 깨끗한 돌을 고르는 게 어떻겠니?"

엄마는 아이의 장점이나 개성 같은 것을 발견할 수 있습니다.

이 글을 읽고 어쩌면 반성하는 부모가 있을 것입니다.

"그때 아이에게 묻지도 않고 그대로 버렸구나! 어쩌지?"

그러나 실망할 필요는 없습니다. 아이는 나이에 상관없이 항상 자신의 취미가 있기 때문입니다. 다시 한 번 강조하자면,

"쓸데없는 곳에 신경 쓰지 말고 공부나 열심히 해라!"

라는 야단은 금물입니다. 그 대신 부모는,

"왜 내 아이는 이런 것에 취미가 있는 것일까?"

라는 생각으로 아이의 마음을 이해하려는 노력이 있어야 합니다.

아이의 개성을 키우려는 강압적 야단은 아이를 더 망치게 된다.

대부분의 부모들은 자신의 아이를 두고,

"개성이 있게 키우고 싶다."

"아이의 개성을 살리겠다."

라는 포부를 밝히고 있습니다. 그렇지만 한편으론 주위의 다른 아이와 비교해서 부족하면,

"누구누구를 보고 배워라."

라고 하거나,

"여자가 예의가 없다."

"남자가 훌쩍거리면 안 돼!"

라고 야단을 칩니다. 이런 야단은 부모가 생각한 하나의 형에 아이를 끼워 맞추려는 의도에서 나오는 것입니다.

그렇다면 부모들이 원하는 개성이란 도대체 무엇일까요?

어떤 엄마는 개성적으로 키우고 싶다며 5개나 되는 학원에 보내는 경우도 있습니다. 이 엄마는,

"우리 아이의 개성이 무엇인지 몰라서 여러 학원에 보내고 있어요. 물건이 어떻게 될지 두고 보면 알겠죠."

라고 했습니다.

이 말을 들은 다른 엄마가,

"아이를 빗대어 물건이 어떻게 된다는 것은 상품이 된다는 뜻이죠?"

라고 물었습니다. 이렇게 물은 것은 물론 아이를 물건으로 취급하는 엄마가 미워서 면박을 준 것입니다. 이처럼 엄마가 아이의 개성 발견에 애를 쓰는 것은 아마도 현대사회에서 개성이 하나의 상품으로 받아들여지기 때문일 것입니다. 그렇다면 개성의 책임에 관한 것도 정확하게 가르치지 않으면 안 됩니다.

사례 미군 간부의 집에서 일하면서 미국가정의 육아를 공부한 여자가 있었습니다. 그녀의 경험담 중 매우 인상에 남는 것이 있습니다. 미군 간부의 가정은 초등학교 3학년인 R이란 이름의 여자아이와 남동생과 부모 등으로 구성된 4인 가족입니다. 수요일에 가족이 밥을 먹던 중 주말에 피크닉을 가자는 이야기가 나왔습니다. 그러자 R은 단호하게,

"저는 옆집 친구 T와 영화를 보기로 약속되어 있기 때문에 갈 수가 없어요."

라고 했습니다.

만약 우리나라 부모였다면 이구동성으로,

"가족들이 함께 가는데, 너만 빠지면 되겠니?"

라고 야단했을 것입니다.

금요일이 되었을 때 T로부터 급한 일이 생겨 함께 영화 보

는 약속을 지킬 수가 없다는 연락이 왔습니다. 이에 R은 기분이 쓸쓸해졌습니다. R은 T와 함께하기 때문에 영화가 보고 싶었던 것입니다. 그런데 T가 함께 갈 수 없으므로 R은 부모에게,

"영화 보는 것을 포기하고 함께 피크닉에 가겠어요."

라고 했습니다. 이 말을 듣은 아버지는 화를 내면서,

"영화를 보고 싶은 사람이 T냐 아니면 너냐?"

라고 야단쳤습니다.

한마디로 미국의 평범한 가정인데도 불구하고 개인의 책임에 대한 철저한 가정교육에 놀랐다고 했습니다. 만약 이 상황이 우리나라 부모에게 있었다면 틀림없이,

"그것 봐라, 내 그럴 줄 알았지. 그래 함께 가자."

라고 했을 것입니다.

이래서는 아이의 개성을 살리지 못합니다. 부모가 아이의 개성을 존중하려고 한다면 이렇게 해보세요. 아이 혼자 다른 사람과 다른 주장을 폈을 때, 야단보다는 아이의 주장에 귀를 기울여야 합니다. 만약 아이가 단독으로 주장을 했다면 특별히 나쁘지 않을 경우 실제로 경험하도록 합니다. 이때 결과에 대한 책임은 아이 자신이 지게 하는 것입니다.

상훈이는 야구를 무척 좋아하지만 부모는 야구 외에 공부까지 열심히 하길 바랍니다. 그렇지만 현재 상훈이는 공부를 최소 필요한 정도만 하고 있습니다. 그러자 부모는 '좋아하는 야구로 장래 희망이 보인다면 말리지 않겠는데, 너무 힘든 과정을 겪어야 하기 때문에 걱정이군. 또 야구는 태어날 때부터 재능이 타고난 사람만 할 수 있는 운동이잖아. 이런 위험보다는 공부를 중점으로 하면서 취미생활로 야구를 하면 좋겠는데…'라며 걱정했습니다.

"너는 자질이 없어. 야구는 이제 그만하고 공부에 전력하면 어떻겠니?"

이런 걱정이 부모에게 쌓이던 중 상훈이가 가지고 온 성적표를 보고는,

"너는 자질이 없어. 야구는 이제

그만하고 공부에 전력하면 어떻겠니?"

라며 화를 냈습니다.

결국,

"넌 자질이 없어."

라는 한마디가 자꾸 마음에 걸려 상훈이는 얼마 후에 야구부를 그만두었습니다. 그러나 야구를 그만두면서 공부에 열중할 마음까지 없어져 오락실을 들락거리면서 시간을 보냈습니다.

이 같은 부모의 야단은 상훈이의 장래를 위한 것이었지만, 결국 야구를 좋아하는 상훈이의 인격을 무시하고 부정하는 의미가 된 것입니다. 이때 부모는 상훈이의 입장을 충분하게 생각해서 야단칠 수는 없었을까요?

만약 부모가 무턱대고 던진,

"넌 자질이 없어."

라는 말 대신,

"야구선수가 되려면 다양한 능력을 갖춰야 한다. 그래서 다른 과목보다 뒤처진 과목을 하나하나 극복한다면 이것이 자신감이 되어 야구에도 많은 도움이 될 것이다."

라고 충고했다면 상훈이는 야구에 대한 꿈을 더 키우면서 '그렇구나. 그렇다면 공부에 도전하겠어.'라고 맘먹었을 것입니다. 이것은 장래가 고생길이지만 스스로 선택한 것이 되기 때문에 성격이 비뚤어지지 않습니다.

더구나 공부를 싫어하는 아이에게,

"어느 정도 공부를 할 수 있을지?"

라는 생각으로 야단친다면 아이의 인격을 부정하는 것이 됩니다. 이것은 학교에서 판단하는 잣대이기 때문에 가정에서는 학교와 다른 장점을 인정해 주는 자세가 필요합니다.

사회는 한 사람 한 사람이 구성원이 되어 돌아가는 톱니바퀴와 같습니다. 식료품을 예를 들면 완성품이 되기까지 많은 사람의 손을 거쳐야 합니다. 이런 과정의 어느 부분을 미래에 담당할 수 있을 것인지를 자각시키는 게 개성입니다. 이런 자신의 개성에 힘입어 맡은 일을 완수한다면 자신의 기쁨은 물론 생의 보람이 될 것입니다.

이에 따라 부모의 가치관에 아이를 끼워 맞추기 위해 야단이란 무기로 다스린다면 올바른 인간상을 기대하기란 어렵습니다.

자유와 방임에 대한
정확한 인식이 필요하다.

한 아동전문가가 어떤 엄마에게,

"야단보다 아이를 자유롭게 키우는 것이 중요합니다."

라고 말하자,

"걱정하지 마세요. 그냥 두면 자연적으로 됩니다."

라고 했습니다. 또 한 선생님이 초등학생 3학년에게,

"꾀를 부려 놀고 있는 것은 좋지 못한 버릇이다."

라고 야단을 치자 아이는,

"상관하지 마세요. 내 마음이에요."

혹은,

"내 자유예요."

라고 대답했습니다.

물론 사람에게 있어서 자유롭게 살고 싶다는 것은 기본적인 희망이자 동경입니다. 하지만 '자유'라는 의미를 가끔 잘못 이해하는 사

'자유'라는 의미를 가끔 잘못 이해하는 사람들도 있습니다.

람들도 있습니다. 예를 들면 지하철에서 아이가 아무런 제약 없이 제멋대로 뛰어다니다가 다른 사람에게 주의를 받으면 그 때서야 부모는,

"그러면 안 된다고 했잖니. 야단맞잖아."

라며 야단치는 것을 봅니다. 이것은 자유가 아니라 방임인 것입니다.

이 밖에 모두 힘을 합쳐야 완성되는 프로젝트에 참가하지 않을 자유가 있거나, 친구를 따돌리고 혼자 학원에 갈 자유가 있습니다. 자유는 누구나 생득적으로 가지고 있는, 남에게 피해를 주지 않는 선에서 자신이 누릴 수 있는 최대한의 권리입니다.

보편적으로 부모들은,

"아이를 자유롭게 키우고 싶다."

라고 말합니다. 어떤 사람이 집단 놀이에 끼지 못하고 구석에 앉아 있는 아이를 보고,

"흠~ 구석에 혼자 있는 자유를 주고 싶다."

라고 말했다면 이것은 방임으로 자신의 기분을 아이에게 강요하는 것과 같은 것입니다.

흔히, 공휴일에 '오늘은 아무런 계획도 없구나.'라면서 집 안에서 편안하게 있을 때 자유를 느낍니다. 이런 자유를 누리고 있을 때 갑자기 친구가 찾아온다면 자신이 생각했던 자유가 반으로 줄 것입니다. 또 '오늘 저녁은 무엇을 먹을까?'라며

꿈을 꾸다가 지갑의 사정을 알고 나면 자유는 반에 반으로 줄어버립니다.

이렇듯 현실에 따라 점차적으로 줄어드는 자유가 과연 진정한 자유일까 의문을 가질 것입니다. 그러나 분명한 결과를 예상하고 계획이나 목표를 세워 그것을 완수하는 과정을 자유라고 가정해 봅시다. 여기에 방법이 하나 더 생기면 자유는 배가 되고 현실까지 보인다면 더욱더 확실해질 것입니다.

휴일에 쉬고 있던 부모가 아이에게,

"야, 시끄럽다. 음악 소리 좀 줄여라."

혹은,

"어지럽혔으면 깨끗하게 치우지 못하니."

라고 야단치는 것은 집 안에서 식구들이 자유를 공유하기 위함입니다. 이것은 자유를 제한하는 것이 아니라 자유를 실현하기 위한 조건이라는 것을 가르치는 것입니다.

학교란 공동생활에서 학

규율을 지키지 않으면 안 된다기보다는 규율대로 행동하면 더 많은 자유를 누릴 수 있음을 나타냅니다.

생들이 규율을 지키게 하기 위해 '복도에서 뛰지 말기', '시간 잘 지키기', '정리정돈', '교실에서 조용히' 등이 있습니다. 이것은 규율을 지키지 않으면 안 된다기보다는 규율대로 행동하면 더 많은 자유를 누릴 수 있음을 나타냅니다.

만약 성인이 초등학생보다 좀 더 큰 아이에게,

"이런 행동은 나쁜 것이야. 이렇게 해서는 안 돼."

라고 야단쳤을 때,

"왜요?"

혹은,

"이유가 무엇입니까?"

라고 반문할 것입니다. 그때는,

"그런 행동보다 이런 방법도 괜찮은데."

라고 말해 준다면 아이도 그 이유가 옳다고 판단하면 인정할 것입니다.

대부분의 유치원에 가보면 미끄럼틀이 있는데, 한결같이 거꾸로 올라가는 것이 금지되어 있습니다. 이것은 충돌사고를 방지하기 위한 것입니다. 한 아이가,

"이쪽에서 올라갈 때 위에서 내려오는 것은 위험하죠? 그렇다면 경찰 아저씨를 세워 지금은 올라갈 때, 지금은 내려갈 때라고 알려주면 되잖아요?"

라고 질문했습니다. 한마디로 아이디어가 기발했습니다. 그래서 그 유치원에서는 교통정리계가 서 있을 때는 밑에서 올

라가도 괜찮다는 규칙을 세웠습니다.

아이들을 규칙을 지키지 않는다는 단순한 이유만으로 야단만 친다면 아이는 자신의 인격이 무시당하고 있다고 생각해 말을 듣지 않음은 물론 반항심까지 생길 것입니다.

그러나 어른은 아이에 대해 최소한의 조언, 즉 교육에 대한 의무가 있습니다. 다시 말하면 교육은 인류가 지금까지 쌓아온 최고의 것을 아이에게 물려주는 것과 같습니다.

교육이란 아무 것도 모르는 어린아이에게 불의 무서움과 화상의 아픔에 대해,

"성냥으로 장난치면 안 된다."

"다리미를 만지면 안 된다."

교육은 인류가 지금까지 쌓아온 최고의 것을 아이에게 물려주는 것과 같습니다.

라고 가르쳐 주는 것입니다. 만약 아이가 철봉에 매달리는 운동을 한다면, 엄지손가락을 밑으로 돌려서 잡아야 안전하다는 것을 가르칩니다. 아이가 이것을 깨닫고 난 다음에 철봉의 다른 기술들을 가르친다면 그것은 훌륭한 교육입니다.

part 3

100점짜리 야단법은 아이를 친구 혹은 형제와 **비교하는 야단은 삼가야 한다.**

부모는 아이가 사귀는 친구의 험담을 피해야 한다.

"선생님, 야구공을 찾아주시든지 새로 사 주세요."

사례

어느 선생님께서 야구를 하고 있던 아이들과 어울렸습니다. 타석에 들어선 선생님께서 맘껏 휘두른 배트에 맞은 야구공이 어디론가 사라졌습니다. 그러자 아이들은 선생님에게,

"선생님, 야구공을 찾아주시든지 새로 사 주세요."

라고 했습니다. 그러자 선생님께서는,

"얘들아, 미안하구나. 지금 선생님이 가진 돈이 없어서 월급날에 사 주겠다."

라고 말했습니다. 야구를 중단한 아이들 중 한 아이가 집에 돌아와 이 일을 엄마에게 말했습니다. 그러자 엄마는,

"그랬어? 선생님에게 그런 실례를 저지르면 되겠니?"

라고 했습니다.

이 이야기를 놓고 볼 때 아이들이 선생님에게 공을 변상해 달라는 것도 당연한 것이고, 선생님이 지금 돈이 없기 때문에 월급날 변상해 준다는 것도 괜찮은 대답이었습니다. 그러나 이때 엄마의 이런 말로 아이가 납득하고 있었던 것을 무용지물로 만들어 버렸습니다. 이런 경우는 의외로 많습니다.

그렇게 말한 엄마에게 누군가가,

"그러면 댁의 아이가 친구의 공으로 야구를 할 때 댁의 아이가 홈런을 쳐 공이 보이지 않는다면 어떻게 하겠습니까?"

라고 물었습니다.

"당연히 변상해 줘야지요."

"만약 댁 아이의 공을 친구가 잃어버렸다면 친구가 변상해야겠지요?"

"말도 되지 않는 소리를 합니까? 어떻게 변상을 요구하겠어요."

이 대화를 잘 분석해 보면, 아이의 엄마는 매우 겸손한 것처럼 보이지만 사실은 거만하고 잘난 체하고 있는 것입니다. 다시 말해 피해자의 입장을 생각하기보다 '자신이 한발 양보했다.', '손해를 봤다.', '내가 은혜를 베풀었다.'라는 생각으로 뽐내고 있는 것입니다. 부모의 이런 잘못된 생각은 신뢰로 깊어진 아이의 인간관계를 파괴시킬 우려가 있습니다.

문제는 이 엄마처럼 상황을 납득하지 않고 자신의 아이를 야단치는 것입니다. 엄마의 이런 뽐내고자 하는 심리상태가 더 심하게 되면 상대방에게 전시효과를 위해 자신의 아이를 엄하게 야단치는 꼴이 되는 것입니다. 이것은 한마디로 아이를 최악으로 만드는 것이나 다름없습니다. 결론적으로 이런 엄마는 상대방의 아이에게 정당한 요구를 할 수가 없기 때문에 맛으로 보여주는 야단밖에 되지 않는 것입니다.

또 어떤 엄마는 아이 친구가 왔다 하면 마루를 더럽히기 때문에 미연에 방지한다는 차원에서 아이가 오면 즉시 마루를 닦았습니다. 그러자 이를 본 아이 친구는 기분이 좋은 듯,

"아줌마는 마루를 닦는 걸 매우 즐기시네요."

라고 했습니다. 이렇게 말한 것은 아이 친구가 빈정거리기 위한 것이 아니고 천진난만하기 때문입니다.

엄마는 더러운 발로 마루를 더럽히는 것이 싫다면 솔직하게,

"애야, 그쪽에 놓여 있는 발판에 발을 닦고 올라오너라."

라고 말해야 합니다. 자신의 정당한 요구를 뒷전으로 미루고 암시하고, 알면서 모르는 체하는 '배짱' 없는 행동은 전근대적인 사고입니다.

보통의 부모들 중에는 자신의 아이에게 놀러 오는 친구 중에 놀러 오는 것이 예쁜 아이와 반대로 달갑지 않은 아이가 있습니다. 엄마가 아이 친구에 대해 좋고 나쁨을 판단하는 기준은 자신의 아이와 사이좋게 놀아 주면 좋은 아이, 남의 집을

제집처럼 생각해 조심성 없이 제멋대로 뛰놀면 좋지 않은 아이라고 합니다.

그래서 좋지 않은 아이가 집으로 놀러 오면 가능한 한 밖에서 놀도록 하거나, 일부러 냉정하게,

"조용히 했으면 좋겠다."

라고 야단을 치는데 이것은 옳지 않은 방법입니다.

이런 방법은 부모의 가치관에 아이 친구까지 선택된 것으로 아이 친구에게 상처를 주게 되고 결과적으로 자신의 아이에게까지 상처를 안겨 주는 셈이 됩니다. 그래서 아이들의 일은 아이에게 맡기는 것이 중요합니다.

또한, 아이들이 놀면서 좋지 않은 언행을 할 때에는,

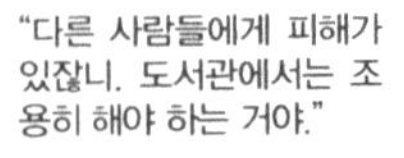

"내 아이가 아니니까 상관없다."

라는 생각은 버리고 그 자리에서 야단치는 것이 어른으로서의 의무입니다. 예를 들어 도서관에서 친구들끼리 큰 소리로 떠들면,

"다른 사람들에게 피해가 있잖니. 도서관에서는 조용히 해야 하는 거야."

라고 야단을 쳐야 합니다.

자신의 의무도 지키지 않은 채,

"요즘 아이들은 가정교육이 돼먹지 않았어."

라며 야단치는 것은 어불성설입니다. 따라서 자기 아이든 남의 아이든 가리지 말고 나쁜 행동을 하면 즉시 야단칠 수 있어야 합니다.

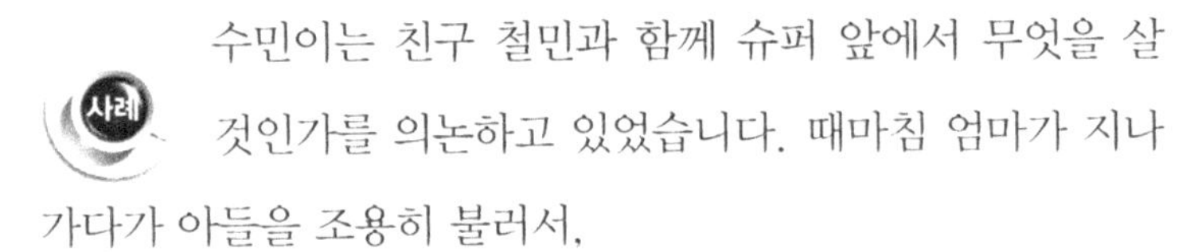

수민이는 친구 철민과 함께 슈퍼 앞에서 무엇을 살 것인가를 의논하고 있었습니다. 때마침 엄마가 지나가다가 아들을 조용히 불러서,

"수민아, 여기서 뭐하니? 철민이는 학교를 마치고 곧장 집으로 돌아가지 않고 군것질을 하면서 시간을 낭비하잖니. 그렇기 때문에 철민이와 놀아서는 안 된다."

라고 야단쳤습니다.

이처럼 부모는 아이 친구에 대해,

"저 애는 난폭해서 같이 놀면 안 된다."

아이에게서 친구를 사귀는 권한을 뺐는 것은 아이의 인격을 무시하고 독립심을 소멸시키는 것과 같습니다.

혹은,

"질이 좋지 않은 아이라서 함께 놀면 안 된다."

라고 말합니다. 이것은 잘못된 생각입니다. 아이 친구가 아무리 질이 좋지 않더라도 아이 혼자서 지내는 것보다 낫고, 엄마를 상대하는 것보다는 훨씬 좋습니다.

혹여 질이 좋지 못한 친구와 어울리면 영향을 받지나 않을까 걱정하는 부모가 많습니다. 하지만 올바른 가정교육이 있다면 걱정할 필요가 없습니다. 그보다 더 걱정할 것은 부모가 자신의 아이에게는 재능과 개성이 있다고 생각한 나머지 아이에게서 친구를 사귀는 권한을 뺐는 것입니다. 이는 아이의 인격을 무시하고 독립심을 소멸시키는 것과 같습니다.

아이의 인격은 평생 숙명으로 심어져 있기도 하고 그렇지 않을 수도 있습니다. 그렇다고 밖에서 받은 영향 때문에 어떻게 변화되는 것도 아닙니다. 다시 말해 인간은 태어날 때부터 여러 가지 가능성을 지니고 태어나기 때문에 성장해 가면서 발달합니다. 인간의 발달이란 한마디로 주위 사람들과의 공동

작업입니다. 아이의 미숙한 점을 보충해 주는 사이 몸에 익혀진 것이 다시 기초가 되어 다른 것을 받아들이게 됩니다.

또한 내부로 받아들이는 것도 아빠의 영향, 엄마의 영향을 따로따로 받아들이지 않습니다. 다시 말해 엄마와 아이, 아빠와 아이, 형과 동생, 엄마 · 아빠와 아이들의 관계 등이 복합적으로 아이 마음속에 들어가게 됩니다.

예를 들면 엄마는 훌륭하고 아빠는 나쁜 사람이라고 가정할 때, 아이의 마음속에 엄마의 영향만 들어가면 좋겠지만 그렇지 않습니다. 아이의 마음속에는,

"훌륭한 엄마와 나쁜 아빠의 관계."

가 함께 들어가게 됩니다.

아이에게 친구의 영향을 말하기 전에 반드시 생각해 봐야 할 것이 바로 부모의 부부 사이입니다.

옛 속담에 '아이는 부모의 뒷모습을 보고 자란다.'라는 말이 있습니다. 아이에게서 부모는 거울과 같은 존재입니다. '부모의 뒷모습'은 평균도 아니고, 어느 쪽으로 치우치지도 않고, 다만 아빠와 엄마의 관계가 아이에게 가장 접근할 수 있는 인간관계의 표본이 되는 것입니다.

그리고 성장할 때 가장 기본적으로 받아들이는 인간관계에서 주위 사람을 자신의 도구로 받아들일 것인가, 아니면 마음을 터놓거나 힘을 합치는 신뢰가 깃든 동료로 받아들일 것인가 하는 결정은 사람마다 많은 차이가 나타납니다.

인간관계의 중요성을 아는 엄마는 다른 엄마들에게,

"아이 친구의 험담은 좋지 않기 때문에 피해야 합니다."

라고 말합니다. 왜냐하면 친구를 사귈 때 나쁜 결점만 발견하는 인물이 되어서는 안 되기 때문입니다.

아이에게 친구의 영향을 말하기 전에 반드시 생각해 봐야 할 것이 바로 부모의 부부 사이입니다. 부부가 서로 존중하고, 좋은 부부간이라면 아이가 어떤 친구와 사귀든 그 친구에 대한 험담으로 야단칠 필요가 없는 것입니다.

나쁜 것의 힘을 믿고 따르는 아이에게 용기를 주는 야단법

부모로서 아이가 밖에 놀러 갔다가 친구와의 싸움에서 맞아 울고 들어오면 자신도 모르게 화가 치밀 것입니다. 더구나 남자로서 이런 상황이 지속되면 엄마는 아이가 약해도 괜찮은지에 대해 걱정할 것입니다. 그 장난이 단순하고, 심각성을 띠고 있지 않다면 그냥 내버려둬도 별 탈이 없습니다.

"그런 고자질은 매우 나쁜 것이란다."

만약 마마보이 성격의 아이가 엄마에게,

"우리 반 형민이가 날 괴롭혀요."라고 고자질하면 그 즉시,

"그런 고자질은 매우 나쁜 것이란다."

라며 잘라줘야 합니다.

하지만 가끔 괴롭힌 아이를 야단치기 위해 엄마가 찾아가는 경우도 있는데, 이것은 매우 잘못된 행동입니다. 아이들은 괴롭힘을 당해도 즐겁기 때문에 함께 어울려 노는 것입니다. 그러나 이때 괴롭힘을 당

한 후에 울면서 잠자는 행위는 좋지 않습니다.

그래도 괴롭힘을 당하면서도 노는 것이 골목대장 곁에서 명령대로 움직이는 것보다는 낫습니다. 야단으로 다스려야 하는 아이는 자신보다 강한 친구에게 붙어서 덩달아 약한 아이를 괴롭히는 아이입니다. 이에 대한 예를 들어보겠습니다.

사례

반에서 보스로 알려진 형민이는 선생님에게 요주의 인물로 분류되어 있어 자신의 손으로 아이들을 절대로 괴롭히지 않습니다. 그러나 자신을 따르는 재철이를 중심으로 하는 2~3명에게 명령해 다른 아이들을 협박하거나 괴롭히고 있습니다.

어느 날 재철이 엄마는 같은 반 한상이의 엄마로부터 항의 전화를 받았습니다. 재철이가 한상이를 붙잡고,

"너의 지우개와 똑같은 지우개를 형민이 거와 나와 다른 애들 것까지 사 와라. 만약 어기면 어떻게 되는 줄은 알지."

라고 협박했다는 것입니다.

한상이는 외동아

"엄마, 나 학교 가기 싫어."

들이기 때문에 다른 아이들보다 자신이 가지고 싶은 것을 마음대로 소유할 수 있었습니다. 그래서 한상이가 가지고 있는 물건은 항상 다른 아이들에게 부러움을 받았던 것입니다. 더구나 한상이는 마음이 약해서 주변 친구들이 달라고 하면 거절하지 못하고 주고 말았던 것입니다.

한상이의 엄마는 아이의 성격 탓이라며 일찌감치 포기하고 있었습니다. 하지만 최근 들어 한상이가,

"엄마, 나 학교 가기 싫어."

라는 말을 하므로 한상이 엄마는 상황이 심각함을 깨닫고 재철이 엄마에게 항의전화를 하게 된 것입니다.

이에 재철이 엄마는 이 일을 아들에게 물었고 재철이는,

"엄마, 사실은 나도 한상이를 협박하고 싶지 않았어요. 내가 한상이에게 그렇게 하지 않으면 형민이가 매일 날 괴롭혀요."

라면서 울먹였습니다. 이 말을 들은 재철이 엄마는,

"그건 핑계에 불과하구나. 어쨌든 네가 나쁜 짓을 한 것은 틀림없으니까. 앞으로 너는 나쁜 짓을 절대로 하지 않는다고 형민이에게 확실하게 말해라. 만약 그렇게 해서 네가 형민이에게 괴롭힘을 당해도 그 애가 하는 짓을 용서할 수 없다고 생각한 친구들이 도와줄 거야."

라고 했습니다. 재철이 엄마의 태도나 말이 정확하다고 판단됩니다.

초등학교에 입학한 학생이 유치원 때 담임선생님을 찾아와,

"선생님, 저는 안돼요. 전 나쁜 아이입니다."

라며 울었습니다. 이유는 이 아이가 다니고 있는 초등학교에 아이들을 괴롭히는 봉식이라는 아이가 있는데, 어느 날 봉식이가 약한 한 아이를 괴롭히고 있을 때, 자신은 아무 것도 할 수 없었다는 것입니다. 이 아이의 행동은 정말 훌륭한 것입니다.

"선생님, 저는 안돼요. 전 나쁜 아이입니다."

이 아이처럼 항상 약한 자를 지켜 주는 쪽에 마음이 있다면, 아이가 성장했을 때 사회의 일원으로 좋은 인간관계를 유지할 수 있을 것입니다. 그러나 다른 시선으로 바라보는 엄마들은,

"정직한 사람이 바보가 되는 세상에서 그런 아이의 행동은 생존경쟁에서 살아남을 수가 없습니다."

라는 염려도 있을 것입니다.

결론적으로,

"힘이 강한 나쁜 아이에게 끌려다니는 자신의 아이는 나쁘지 않다."

라는 생각을 가진 엄마들은 하루빨리 이 생각을 버려야 할 것입니다. 이런 위험한 생각은 자칫 아이를 나쁜 길로 빠지게 할 수도 있기 때문입니다. 더구나 골목대장보다 더 나쁜 것은 그의 힘을 믿고 따르는 아이들입니다.

만약 이런 경우의 아이가 있다면 엄마는,

"정말 그렇게 하고 있는 것이 좋아?"

라고 묻고 아이가,

"하고 싶지 않아요."

라고 대답한다면, 엄마는,

"그러면 그 애가 시키는 것을 듣지 마라."

라고 강력하게 말해 주어야 합니다. 그 후폭풍으로 아이들과 싸움을 하고 울면서 집으로 돌아올 때,

"괜찮아. 잘했구나. 넌 그 아이에게 이긴 것이나 다름없다."

라고 칭찬해 주면 아이는 더더욱 큰 용기를 얻을 것입니다.

골목대장보다 더 나쁜 것은 그의 힘을 믿고 따르는 아이들입니다.

아이를 리더로 성장시키는 100점짜리 야단법

사례

골목대장 영민이의 엄마는 아들 친구 엄마들에게 항의를 받거나, 학교로부터 주의를 듣습니다. 엄마가 아이에게 야단을 치지만 난폭한 행동은 그대로였습니다. 엄마는,

"힘으로 친구를 괴롭히거나, 명령을 내리는 행동은 너 자신이 곧 외톨이가 되는 것이다."

라는 말로 타일러 봤지만, 아이는 들은 척도 하지 않았습니다.

하는 수 없이 영민이의 아버지는 아들의 에너지를 다른 방향으로 돌리기 위해 가업인 자전거가게 일을 가르쳤습니다. 수리할 자전거의 녹을 제거하거나 부품을 닦는 것, 간단한 부품조립 등의 일을 영민이의 손으로 직

영민이가 아버지가 시킨 일을 제대로 완수했을 경우엔 칭찬해 주고, 잘 지켜지지 않았을 경우엔 몇 번이건 재교육을 시켰습니다.

접 하게 했습니다. 그러면서 아버지는 영민이가 시킨 일을 제대로 완수했을 경우엔 칭찬해 주고, 잘 지켜지지 않았을 경우엔 몇 번이건 재교육을 시켰습니다.

그 결과 영민이의 태도는 몰라보게 변했습니다. 책임감과 함께 정신을 차리고 일하지 않으면 실수한다는 것을 스스로 깨달았던 것입니다. 또한 게을렀던 예전과는 달리 스스로 바삐 몸을 움직이게 되었습니다.

골목대장이란, 나쁜 짓의 대명사로 알려져 있고, 항상 야단맞는 명칭입니다. 그리고 한창 자라나는 나이이므로 의욕, 호기심 등이 왕성해 친구들을 괴롭히거나, 친구 일에 참견하는 부분도 있습니다. 이러한 이유로 골목대장은 하지 않도록 하는 것이 아이에게 좋습니다.

동물이건 인간이건 힘이 있는 자가 위에 있는 것은 기정사실입니다. 석기시대의 인간 중 체력이 약하거나 힘이 부족하면 살아남을 수가 없었습니다. 하지만 세월이 흐르면서 체력으로 위에 군림하기보다 머리의 사고 쪽으로 점차적으로 전환되었던 것입니다.

헌법에 '모든 국민은 기본생활을 보장받을 수 있는 권리가 있다.'라고 명시한 것은 집안이 좋건 나쁘건, 신체가 불편하게 태어났건, 남자나 여자로 태어났건 상관없이 차별을 두지 않고 모두가 공평하다는 의미입니다.

아이들의 세계에서 힘이 강하면 대장이 된다는 법칙을 그대로 적용한다는 것은 문제가 됩니다.

친구들이 유독 한 아이를 따른다면 그 아이가 강해서라기보다 대의를 위해 힘쓰고 있기 때문에 심열성복한다는 것에 초점을 맞춰 주는 것이 중요합니다. 이런 이유라면 굳이 부모로서 아이의 행동에 대해 제재하거나 야단칠 필요가 없습니다.

회사의 조직생활에서는 자연발생적인 리더가 존재합니다. 그러나 모든 일을 혼자 도맡아 한다고 리더가 되지는 않습니다. 진정한 리더는 모든 사람이 인정할 수 있는 일에 힘을 썼을 때 탄생하는 것입니다. 이때 동료들은,

"당신 아니면 이 프로젝트를 완성할 수가 없었소. 당신은 정말 멋진 사나이야!"

"당신 아니면 이 프로젝트를 완성할 수가 없었소. 당신은 정말 멋진 사나이야!"

라고 칭찬해 줄 것입니다.

골목대장은 아이 자신의 의욕 때문에 하는 것입니다. 그렇기 때문에 진정한 골목대장이란 남을 배려했을 때 받을 수 있다는 것을 부모들이 옆에서 인식시켜 줘야 합니다.

형과 동생이 있는 가정에서의 100점짜리 야단법

아이가 홀로 외롭게 있다가 동생이 태어나면서 형(언니)이 된다는 것은 정말 기쁜 일입니다. 그렇게 되었을 때 아이에게 새로운 일을 할 수 있다는 자긍심을 심어 줘야 합니다.

그렇게 하지 않으면 형(언니)의 위치에서 장점보다 단점만 보일 것입니다. 더구나 혼자 있을 땐 엄마가 요구하는 심부름이나 명령이 적었지만, 동생이 생기면서 더 많아질 것입니다. 이때 엄마가 아이에게,

"형이 되었으니 뭐든지 참아야 된다."

"형이 동생처럼 어리광을 부리면 되니?"

라고 한다면 아이는 형이 된 것을 후회하게 될 것입니다. 이렇게 되면 아이는 형으로서 동생을 보살핀다는 생각보다 '너 때문이야.'라며 질투심이 유발될 가능성이 높습니다.

동생이 태어나면 엄마는 두 아이의 엄마로서 그만큼 포용력이 넓어져야 합니다.

동생이 태어나면 엄마는 두 아이의 엄마로서 그만큼 포용력이 넓어져야 합니다. 하루빨리 젖먹이 아이의 엄마라는 기분에서 벗어나야 한다는 말입니다. 이렇게 복잡하다면 차라리 젖먹이 엄마가 훨씬 편안할 것입니다.

옛날 엄마들은 낮잠을 자기 위해 억지로 아이를 낳았다고 합니다. 당시 낮잠은 그림의 떡이었습니다. 한마디로 젖먹이가 있으면 여러 가지 일에 대해 핑곗거리가 생기는 것입니다. 그렇다고 형이나, 언니를 소외시키는 것은 어불성설입니다. 동생이 생긴 것은 모자관계의 스케일이 넓어진 기회이기도 합니다. 다시 말해 형의 기저기를 갈아주면서 말을 걸어주고, 동생인 갓난아이에게는 젖을 먹이면서 말을 걸어주는 것은 하나의 배려입니다.

하지만 큰 아이가 엄마에게 찡얼거리며 말을 걸 때,

"안 보이니? 지금 아기 귀저기 갈고 있잖니."

라며 말을 끊거나, 동생의 볼이 부드럽고 예뻐서 만질 때,

"애가, 또 동생을 괴롭혀?"

라고 한다면 형에게 좋지 않은 영향을 줍니다. 이런 말들이 반복된다면 형은 당연히 동생을 미워하게 되고 과격한 행동과 함께 괴롭힘도 불사할 것입니다.

또한 자신이 감시하고 있지 않으면 형이 동생을 괴롭힐 것이라고 믿는 엄마라면 하루빨리 그 생각을 버려야 합니다. 형이 동생을 사랑하고 동생이 형을 사랑한다는 것에 신뢰해야

합니다.

형제들은 서로 싸우면서 성장합니다. 형제의 싸움이란 치고 받고 싸울 뿐, 양쪽 모두에게 어떤 유감스런 일이 발생해 서로가 '나쁘다, 좋다.'를 우기는 것이 아닙니다. 이런 사이에 엄마가 갑자기 끼어들면서,

"왜, 네가 먼저 그랬니?"

"너의 행동이 더 나쁘니까 사과하지 못해!"

"그렇게 사과하는 것이 진심이냐?"

라고 야단을 치는 경우 두 아이 모두에게 좋지 못합니다.

형제 사이는 서로가 신 나게 싸워도 나쁘다고 생각하고 있지 않습니다. 그래서 제삼자가 나쁘다고 말해도 형제는 나쁘다고 믿지 않습니다. 그렇기 때문에 엄마의 야단이 있으면 아이는 건성으로,

"사과할게요. 미안해. 이제 됐지?"

라고 할 것입니다. 이와 같은 강제적인 사과는 하지 않는 것보다 더 나쁜 것입니다.

또 주의해야 할 사항은 엄마가 아이들을 대등한 인간으로 인정하지 않는 것입

"얘가, 또 동생을 괴롭혀?"

니다. 다시 말해 엄마 스스로 아이와 동등한 위치가 아닌 군림하는 위치에 두는 것은 아이의 교육에 나쁜 영향을 미치므로 주의해야 합니다.

엄마가 '어떤 이유로든 내 아이가 상대방 가슴에 돌이킬 수 없는 아픈 상처를 주는 것은 용서할 수가 없다.'라는 생각으로 아이에게 야단치는 것은 괜찮습니다. 하지만 엄마가 어떤 것을 단정하여 안 된다고 가르칠 때는 재판관처럼 흑백을 결정하거나 또는 아이에게 '너는 죄인이니까, 자각하고 뉘우쳐야 한다.'라는 요구는 금물입니다.

어느 유치원에서 아이들끼리 싸움하고 있을 때 유치원 선생님이,

"너희가 하고 싶은 것이 무엇이니?"

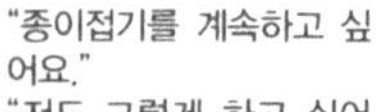

"종이접기를 계속하고 싶어요."
"저도 그렇게 하고 싶어요. 선생님."

라고 했는데, 이 싸움에서 아주 적당한 말이었습니다.

이렇게 말하지 않고,

"너희, 왜 그러니?"

라고 하면 이것은 책임 추궁으로 변하게 되면서,

"내가 먼저 종이접기를 했는데, 저 녀석이…."

"야, 그게 아니라고 했잖아!"

라는 말로 서로를 탓하며 다툼이 쉽게 끝나지 않을 것입니다.

유치원 선생님께서,

"너희가 하고 싶은 것이 무엇이니?"

라고 물었기 때문에 아이들은,

"종이접기를 계속하고 싶어요."

"저도 그렇게 하고 싶어요, 선생님."

라고 한 것입니다. 그러면 선생님은,

"응, 그래? 둘 다 종이접기를 하고 싶은 거구나. 자, 그러면 어떻게 하면 될까요?"

라고 물음과 답을 동시에 해주면 좋은 교육이 될 것입니다.

다시 말해,

"너희가 하고 싶은 것이 무엇이니?"

라는 물음은 아이들에게 비전을 제시해 주는 것과 동일합니다. 더불어 가장 적당한 해결방법이 무엇인지 아이들과 선생님이 함께 생각할 수가 있습니다.

부모가 형제의 우애를 생각한다면 형과 동생을 놓고 비교하는 칭찬이나 야단은 매우 위험합니다. 더구나 형과 동생 사이의 나이 차가 적다면 더더욱 삼가야 합니다.

보편적으로 부모들은,

"동일한 부모 밑에서 동일한 집에서 동일한 방법의 가정교육을 했는데, 형제가 이렇게 다르다."

라고 말합니다. 그러나 아이의 잣대로 보면 형다운 것, 동생다운 것이 무척 힘듭니다.

이런 와중에,

"형보다 왜 그렇게 못 하니?"

"이것도 하네, 언니가 너만 할 땐 하지 못했다."

라는 식의 말은 아이에게 잔혹한 것일 수도 있습니다.

할머니와 할아버지가 같이 살 때 아이에게 하는 100점짜리 야단법

사례

자그마한 농촌에 살고 있는 A씨는 슬하에 세 살과 한 살이 된 아이를 가진 20대 엄마입니다. A씨는 전업주부로 직장인 남편과 정년퇴직한 시아버지를 비롯해 신경통을 앓고 있는 시어머니와 함께 살고 있습니다. A씨는 아동전문가에게 이런 하소연을 편지로 상담해 왔습니다.

"어머님이 편찮으셔서 아이를 돌봐줄 수가 없으므로 내가 일을 할 수도 없습니다. 바쁜 농한기지만 매일 4명이 함께 집에 있습니다. 나이가 든 시아버님은 지나칠 정도로 잔소리가 많으시고, 내가 무슨 말만 하면 시빗거리가 되어 싸움으로 변하기 때문에 가능한 한 입을 다물고 있습니다. 만에 하나 내가 시아버님과 다투기라도 하면 남편은 시아버님 편을 들고 있습니다. 이런 것쯤은 마음을 비웠기 때문에 인내할 수가 있지만, 아이의 가정교육에 대해선 참을 수가 없습니다. 세 살의 아이가 나쁜 행동을 저질렀을 때 내가 꾸짖으면 시아버님이나 시어머님은 도리어 나에게 화를 냅니다. 내가 야단칠 때 간섭하지 않거나, 아니면 함께 아이에게 야단을 치면 좋겠습니다.

한마디로 내가 시부모님한테 야단맞을 땐 마치 바보가 된 것 같아서 아예 부모님이 계시면 아이가 잘못을 해도 그냥 내

"가정교육은 너희가 하고 나는 내 손자니까 사랑만 하겠다."

버려둡니다. 이런 상황이 자주 반복되면서 저 자신이 비겁자가 되었습니다. 더구나 아이는 내 말엔 관심도 없고, 성격이 고집스럽게 변하고 있어 걱정이 태산입니다. 어떨 때 내가 아이에게 야단치면 아이는 시아버님이나 시어머님에게 달려가 숨습니다. 내 아이인데도 아이의 행동과 주변 환경에 무척 화가 납니다."

이 주부처럼 시부모와 함께 살고 있으면 이와 같은 고민은 배제할 수가 없습니다. 아이와 시부모 사이에서 남편에게 외면을 당하고 있는 엄마는 무력감에 빠질 가능성이 많습니다. 시부모는,

"가정교육은 너희가 하고 나는 내 손자니까 사랑만하겠다."

라며 가정교육의 일환으로 아이를 야단칠 때 슬그머니 빠져버립니다.

이런 상황이 벌어지는 것은 아이의 가정교육에 대해 엄마와 시부모와의 소통이 없기 때문입니다. 엄마가 가정교육을 위해 야단치는 기준과 시부모가 생각하는 가정교육이 각각 다르므

로 이런 상황이 계속되면 아이는 혼란에 빠지게 됩니다. 혼란에 빠진 아이는 엄마가 야단을 치면 자신의 편이 되어 줄 사람에게 피하게 됩니다.

그러므로 아이가 초등학교 3학년이 되기 전까지 아이에게 가정교육에 대해 어른들의 어긋나는 면을 표출해서는 안 되며, 하루빨리 어른들끼리 가정교육에 대한 의견을 조정해야 합니다.

육아상식이 가장 많은 엄마가 80점, 아빠가 60점, 할머니가 45점 정도의 의견기준을 가지고 있다고 가정해 봅시다. 이럴 경우 의견기준을 최저기준인 45점에 맞춰놓고 할머니가 찬성할 수 있도록 의견을 조정하면 좋을 것입니다.

왜냐하면 처음부터 80점에 맞추면 아빠나 할머니의 의견은 무시되고, 앞에서 언급한 상담 내용처럼 될 것입니다. 이럴 경우 엄마는 할머니가 없을 때 몰래 자신의 방침으로 일관되기 때문에 더욱 나쁜 상황이 연출됩니다.

의견기준을 최저기준에 맞추는 것은 아이에 대한 금지 동의를 최소한 어른 3명으로부터 얻을 수 있기 때문입니다. 그러나 금지에 대한 범위를 넓히면 같은 주의라도 때와 장소에 따라 각기 다를 수가 있습니다. 이렇게 되면 동생이나 형에게도 좋지 않은 결과가 초래됩니다.

큰 아이 밑에 어린아이가 있으면 형제를 다루는 기준이 어긋나면서 불안해집니다. 이렇게 되면 큰 아이는 이상한 계산을 하게 됩니다. '오늘은 엄마가 없기 때문에 괜찮다.'라는 생각에 빠지는 것입니다.

이런 것을 미연에 방지하기 위해서 허락할 수 없는 행동 몇 개를 금지사항으로 결정해 두는 것도 좋은 방법입니다. 또한 금지사항을 어긴 행동을 아이가 했을 경우 야단치는 법도 필요합니다. 예를 들면 아이가 어릴 때는,

"이것은 나쁜 행동이다."

"안 돼."

"그만두지 못해."

등에서 하나를 정해야 합니다.

이런 결정으로 아이가 할머니 앞에서 잘못했을 때도,

"이것은 나쁜 행동이다."

라는 감정 개입이 전혀 없는 객관적인 야단으로 혼낼 수 있게 됩니다. 예를 들면 할아버지도,

"그럼 못 쓴다. 그건 나쁜 짓이란다."

엄마 역시,

"나쁜 행동이란다."

라고 한다면 아이는 혼란스러워하지 않을 것입니다. 이것은 곧 아이의 뇌리에 남아 야단치는 사람이 없어도,

"나쁜 행동이다."

라는 말이 되살아나 나쁜 행동을 멈추게 합니다.

이렇게 가정교육은 부모가 없어도 아이 혼자서 터득할 수 있게 도와주는 것입니다. 그리고 아이의 마음속에 가장 문제가 되는 금지사항을 심어 두는 것이 좋습니다. 이것을 실천하기 위해서는 금지사항이 많으면 혼란스럽기 때문에 한두 가지가 적당합니다.

"이것은 나쁜 행동이다."
"안 돼."
"그만두지 못해."

체벌보다 말로 이해시키는 100점짜리 야단법

과거에 비해 아이들에게 체벌을 가하는 경우가 많이 줄었습니다.

현재 40대 이상 나이에 있는 사람들은 '야단을 맞았다.'는 말 대신 '매로 당했다.'라고 표현합니다. 한마디로 가정교육을 매로 받았던 것입니다.

부모가 매를 댄다는 것은 어떤 상황에 처해 있건 나쁜 행동입니다. 주먹으로 때리거나, 엉덩이를 때리는 것 역시 마찬가지로 나쁜 것입니다. 다시 말해 체벌은 어떠한 경우에도 존재해서는 안 됩니다.

사례

원숭이를 길러본 경험이 있는 사람의 말에 의하면 원숭이는 두뇌가 영리한 대신 배설물을 처리하지 못한다고

주인은 원숭이가 한곳에서 배설하지 않을 때마다 엉덩이를 때려 밖으로 쫓아버렸다고 했습니다.

합니다. 그러면서 원숭이 주인은 거실서 키우는 고양이와 달리 지저분해서 피곤하다고 했습니다.

주인은 원숭이가 한곳에서 배설하지 않을 때마다 엉덩이를 때려 밖으로 쫓아냈다고 합니다. 그런데 며칠이 지난 어느 날 원숭이는 또다시 엉뚱한 곳에 배설했는데, 원숭이가 스스로 자신의 엉덩이를 때린 후 밖으로 뛰어나갔다고 합니다. 이처럼 체벌로 아이를 키운다는 것은 정말 잘못된 계산입니다.

사례 어떤 아이가 5살이 되었을 때, 엄마가 천 원짜리 과자를 사지 말라며 자주 아이의 엉덩이를 때렸습니다. 어느 날 아이는 과자를 사서 먹지 않고 집으로 가지고 들어왔습니다. 엄마의 무서운 얼굴을 보는 순간 아이는 반대로 돌아서서 팬티를 내렸습니다. 그러면서 아이는,

"엄마, 내가 잘못했으니까, 엉덩이를 때리세요."

라고 했습니다. 아이의 이런 행동에 놀란 엄마는 어리둥절했습니다. 그렇지만 엄마는 어쩔 수 없어 엉덩이를 때렸습니다. 매를

체벌보다 말로 야단치는 것이 아이에게 훌륭한 교육법입니다.

맞은 아이는 다시 돌아서서 과자를 맛있게 먹었습니다. 엄마에게 허락을 받았다는 생각에서 나온 아이의 행동이었습니다. 이것은 아이의 가슴에 상처를 줄 정도는 아닙니다.

체벌로 하는 가정교육은 '아이가 아파서 하지 않는다', 또는 '매가 무서워서 못 한다.'라는 것은 아무런 효과가 없습니다. 이것은 아이가 '무서운 사람이 없으면 한다.' 혹은 '무서운 사람은 무조건 피하고 본다.'라는 생각이 가슴에 박혀 비열한 근성으로 자라게 할 뿐입니다. 그렇기 때문에 체벌보다 말로 야단치는 것이 아이에게 훌륭한 교육법입니다.

하지만 체벌 또한 반드시 필요할 때가 있습니다. 아이가 절대 용서받을 수 없는 큰 잘못을 저지른 경우로, 고통을 주기 위한 목적보다는 강한 인상을 심어 주어 다시는 잘못을 저지르지 않게 하기 위함입니다.

정확한 책임감이 깃든 야단이
100점짜리 야단법이다.

가족의 일치된 야단법의 기준이 없는 경우 또 다른 혼란을 불러일으키는 원인이 됩니다.

원인을 살펴보면, 가정에서 아이가 애정의 노예로 전락된 경우로 시부모가 손자에게 육아에 대한 책임은 없고 다만 사랑만 해주면 책임을 완수하는 것이라고 생각하는 잘못에서 비롯됩니다. 더구나 엄마마저도 야단치는 것을 아빠에게,

"가끔 당신도 아이에게 야단을 치세요."

라며 미룬다면 아이는 혼란에 빠지고 교육은 이루어지지 않습니다.

직장에 다니는 아빠는 퇴근 후에 아이와 놀고 싶은데, 엄마의 부탁으로 억지로 무서운 얼굴을 하고,

"그렇게 하면 안 된다."

라고 야단을 칩니다. 이런 마음에도 없는 야단은 아이에게 전혀 도움이 되지 못합니다. 아빠는 엄마보다 아이와 함께 있는 시간이 훨씬 적습니다. 이 같은 이유 때문에 아빠는 단시간에 자신의 애정을 쏟아부으려고 합니다. 그런 아빠에게 야단을 강요하는 것은 좋은 방법이 아닙니다.

식사 때 아이에게 자신의 접시 것만 먹도록 가정교육을 하고 있었습니다. 어느 날 아침 느닷없이 아빠가,

"배고프니? 내 것 좀 더 줄게."

라며 음식을 덜어 주는 순간 가정교육의 규칙은 깨져 버렸습니다. 또 퇴근 후에 동료들과 한잔하고 집으로 돌아오다가 갑자기 아이가 생각나 사지 않아도 될 선물을 구입하는 아빠가 있습니다. 집에 도착한 아빠는 곤하게 자고 있는 아이를 깨워,

"얘야, 아빠가 선물을 사왔다."

하며 환심을 사려고 합니다. 이런 식의 애정표현은 좋지 못한 행동입니다.

아이는 부모의 애정의 노예라고 할 수 있는데, 제대로 말을 할 수 없는 아이에게,

"아빠와 엄마 중에서 누가 더 좋니?"

라는 곤란한 질문을 합니다. 이것은 질투를 부추기는 가정교육이라는 것을 알아야 합니다. 이렇게 해서 아이는 질투를 배우는 것입니다.

또한 부모가 형제의 질투를 부추기는 실례는,

"수민이가 싫다면 진수야, 네가 이리 오너라."

하는 것입니다. 이는 질투를 유발하는 말입니다. 부모가 이

렇게 해 놓고는,

"우리 집 형제들은 서로 사이가 좋지 않아서 걱정이야."

라는 말을 태연스럽게 합니다.

더욱 어처구니없는 것은 옛날 부모들이 보편적으로 생각해 오던 아빠는 엄해야 하고 엄마는 자상해야 한다는 생각을 가진 부모들이 있다는 것입니다. 이것은 과거 조선시대의 유교사상에서 가장의 권위가 높을 때의 이야기입니다.

당시 아이에게 야단칠 때,

"아버지의 위엄을 앞세운다."

라는 방법을 썼겠지만, 현대의 엄마들은 이와 같은 방법을 좋아하지 않습니다. 현대 엄마들은 아이에게 야단칠 때 자신의 책임으로 행합니다. 이럴 경우의 엄마는,

"억울하면 아빠에게 물어봐라. 아빠 역시 네가 나쁘다고 할 것이다."

라는 말로 아이에게 혼란을 주면 안 됩니다.

그리고 버스 안에서 아이가 시끄럽게 떠들 때,

"옆에 앉은 아저씨에게 혼난다."

"억울하면 아빠에게 물어봐라. 아빠 역시 네가 나쁘다고 할 것이다."

라거나, 옆 승객에게 야단을 맞았을 때,

"그것 봐라, 내가 혼난다고 했지."

라는 책임 전가도 있어서는 안 됩니다.

어린아이는 '때와 경우'를 이해하지 못한다.

초등학교 3학년 전까지의 아이들은 '때와 경우'를 모르기 때문에 부모가 잘 파악해야 합니다. 때와 경우에 대한 좋은 예와 나쁜 예를 다음 대화에서 엿볼 수가 있습니다.

"수민에겐 누나가 있니?"

"있어요."

"몇 명인데?"

"2명이요."

"그럼 이름은 뭐니?"

"민영과 선영이에요."

다음 대화는 좋지 못한 경우입니다.

수민에게,

"그럼 선영 누나도 오빠가 있어?"

"있어요."

"몇 명인데?"

"2명이에요."

"이름이 뭐지?"

"민영과 선영이에요."

또다시 똑같이 물었습니다.

"지금 조용히 한다면 일요일에 동물원에 함께 가자."

"그렇다면 민영 형도 형이 있어?"

"있어요."

"몇 명인데?"

"2명이요."

"이름이 뭐지?"

그 대답은 역시,

"민영과 선영이에요."

라는 말이 나옵니다.

이 대화처럼 수민은 자신 외의 인물 민영 입장이나 선영 입장이 되어야 한다는 것을 모릅니다. 그래서 수민은 항상 자신의 시점에 기준을 두고 이야기한 것입니다. 다시 말해 '~이라고 한다면'이 없는 것입니다.

다른 예로 만약 엄마가 어린아이에게,

"지금 조용히 한다면 일요일에 동물원에 함께 가자."

라고 했다면, '~하면'을 이해하지 못하는 아이는 곧바로 현관으로 달려가 신발을 신고,

"엄마 동물원에 가요."

라고 할 것입니다. 이렇게 '때와 경우'를 이해하지 못하는 어린아이는 누가 거짓말을 해도 그대로 받아들이며, 또 절대로 거짓말을 하지 않습니다.

거짓말에는 두 가지가 있습니다. 하나는 곧바로 들통나는 것이고 다른 하나는 들키지 않는 것입니다. 예를 들어,

"어느 쪽이 더 나쁠까?"

라고 물으면 아이들은 즉시,

"들키는 쪽이 나빠요."

라고 대답할 것입니다. 아이들은 무엇인가에 대해 야단맞을 것 같은 것을 거짓말로 생각합니다. 이런 상황을 부모들은 교묘하게 거짓말하고 있는 것처럼 생각할 것입니다.

그렇게 생각하는 가장 큰 이유는 유아들은 '이러면 좋을 텐데.'라는 말 자체를 진실로 여기기 때문입니다. 한마디로 진실과 거짓을 구분하지 못하면 거짓말을 할 수가 없습니다. 여기서 거짓을 진실로 믿으면 본인에게는 거짓말이 아닌 '실수'가 되는 것입니다.

어린아이가 거짓말하는 것처럼 생각되는 예를 들어 보겠습니다. 이것은 어른들이 어떤 일이 벌어졌을 때 순간을 모면하기 위해 상투적으로 하는 말로, 어른 자신도 모르게 아이들에게 모델이 되고 있습니다. 그 말은 아이가 야단맞을 때,

"제가 한 것이 아니에요."

라고 하는 것입니다.

사례 유치원 선생님께서 아이들에게 과자를 나눠주고 있을 때 어떤 아이가 하나 더 집어갔습니다. 그러자 아이의 마음을 잘 이해하는 선생님께서,

"어쩌지? 과자 하나가 제멋대로 네 호주머니에 들어갔구

나."

라고 했습니다.

이와 같은 선생님의 말은 아이의 마음을 이해하는 듯 보이지만, 실은 아이의 행동이 처음부터 악의가 있다는 결론에서 말한 것입니다. 그렇기 때문에 이렇게 말하는 것이 아니라,

"한 개씩만 가져가야 해!"

라고 직설적으로 말해야 합니다.

"할아버지는 언제 죽나요?"

다시 말해 어설픈 위로는 도리어 아이에게 해가 되기 때문에 항상 주의해야만 합니다. 더구나 3학년 전까지의 아이들은 노인들에게 자신의 생각대로 말하는 경우가 많습니다.

예를 들면,

"할아버지는 언제 죽나요?"

라는 말입니다.

아이의 이런 말에 당황스러운 것은 엄마입니다. 그래서 엄마는 아이의 돌출 발언에 대한 수습을 하고 싶을 것입니다. 하지만 이미 쏟아진 물이라 담을 수가 없겠지요. 이런 상황에서 엄마가 할 수 있는 최선의 방법은 그냥 모르는 척하면서 유머 등으로 넘기는 것입니다.

만약 3학년 이상이 되었을 때는,

"그런 말은 할아버지의 마음을 상하게 하는 것이야. 다음부터는 그런 말은 하지 말아야 한다."

라고 인지시켜 줘야 합니다. 3학년 이상이 되면 적당한 말과 어떤 화제를 선택해야 한다는 것을 충분히 이해합니다. 그렇기 때문에 부모는 항상 아이의 올바른 모델이 되어야 합니다.

선생님에 대한 불만은 선생님에게 직접 말하는 것이 좋다.

아이가 성장해 초등학교 3~4학년 이상이 되면 부모가 아이 앞에서 선생님에 대한 불만을 말하지 말아야 합니다. 만약 담임선생님에 대한 의문이 생겼을 때 부모는 직접 선생님에게 말해야 합니다. 또 아이가 선생님에 대한 불만을 말할 때도 아이와 함께 선생님을 비난하는 것은 옳지 않은 행동입니다. 이 때는,

"그런 불만은 선생님에게 한 번 더 여쭤보는 게 좋겠다."

라고 말해 주어야 합니다.

어느 날 아이의 아빠가 선생님에게 이런 편지를 보냈습니다.

"수업 때 선생님께서 ○○○주제를 이렇게 저렇게 가르쳤더군요. 내가 보건대 잘못 알고 계신 것으로 생각합니다. 그래서 선생님께서 더 세밀하게 조사하시어 직접 아이들 앞에서 정정해 주셨으면 합니다. 감사합니다."

이에 선생님께서는 아이들에게 직접 말하지 않고, 이런 절차로 자신의 체면을 세워 준 그 아빠가 무척 고마웠습니다.

최근 생존경쟁이 치열한 가운데 어떤 엄마가 선생님에 대한 자신의 불만을 직접 말하지 않고 상위기관에 직접 전화를 했

습니다. 그렇게 한 이유는 자신의 아이가 담임선생님에게 인질로 있기 때문이라고 변명했습니다. 하지만 실제로는 선생님이 자신의 아이에게 야단을 쳤기 때문입니다.

결론적으로 선생님이라는 존재를 무시하고 상급기관에 전화해서 항의한다는 것은 선생님을 무시하는 행위입니다. 부모가 선생님을 무시하는 처사는 아이의 교육에 아무런 도움이 되지 않습니다. 그러므로 부모가 선생님에게 불만이 있을 때는 선생님에게 직접 이야기하는 것이 현명한 생각입니다.

만약 담임선생님에 대한 의문이 생겼을 때 부모는 직접 선생님에게 말해야 합니다.

part 4

야단보다 칭찬으로 격려해 주면 자신감이 생긴다.

아이에게 자신감을 주는 칭찬법

"청소와 급식당번은 열심히 해요."

초등학교 1학년에 입학한 수민은 성격이 산만하면서 난폭해 집이나 학교에서 문제아로 알려져 있습니다. 이에 부모는 매일 야단치거나 매로 체벌하기도 했습니다. 특히 학교수업 시간에도 안하무인이라 선생님께서 제재를 하면 큰 소리를 질러 다른 학생의 수업을 방해하기도 합니다. 그때마다 선생님께서 매로 체벌을 가하지만 그 순간뿐이었습니다.

점점 제멋대로 생활하면서 얼마 전부터 친구들에게 명령이나 협박해서 부모들로부터 항의전화가 빗발쳤습니다. 더구나 수민이 친구들과 함께 어울리려고 할 때마다 친구들은,

"엄마가 너랑 놀지 말라고 했어."

라며 받아주지 않았습니다.

수민 엄마는 '내가 자주 야단을 쳐서 만성이 되었나? 그렇

다고 부드럽게 타이르면 행동이 더 과격해지니….'라고 생각하게 되었습니다.

그런 고민을 하고 있던 중 엄마는,

"학교에서 네가 가장 잘할 수 있는 것이 무엇이냐?"

라고 물었습니다. 그러자 수민은,

"청소와 급식당번은 열심히 해요."

라고 대답했습니다. 이 대화에서 엄마는 아들 수민을 선도하는 좋은 힌트를 얻었습니다.

모든 아이들은 청소당번이나 급식당번 등을 좋아하지 않습니다. 그렇지만 수민은 그렇지 않았습니다. 이에 엄마는 가정에서 수민이 가사나 자신을 돕게 하여 인정받도록 유도하기로 했습니다.

가사를 도울 때마다 엄마는,

"수민아, 엄마 일을 도와줘서 얼마나 기쁜지 모르겠구나."

라며 칭찬했습니다. 그러자 수민은 가사를 통해 사람과 협력하는 방법, 인정받는 기쁨, 만족감 등을 스스로 체험하면서 성격이 점차적으로 완화되어 갔습니다.

보편적으로 부모들은 아이가 어떤 결과나 행동을 했을 때 기분이 좋지 않아,

"성적이 왜 이 모양이니?"

"오늘 또 잃어버렸지? 그럴 줄 알았다."

라고 말하기가 쉽습니다. 이런 말이 상습화되면 아이는 항

상 부모로부터 야단을 맞고 있다고 생각합니다. 또한 어떤 일에 대해 아이에게 확실히 각인시켜 줄 요량으로 강하게 말하지만, 아이는 '쇠귀에 경 읽기' 식으로 듣지 않습니다. 이렇게 되자 부모는 화가 날 수밖에 없고 마침내 목소리가 커지면서 매로 체벌하게 됩니다.

부모는 하루도 빠짐없이 아이를 보기 때문에 장점과 단점을 발견할 수가 있습니다. 개인의 장점이나 단점은 모두가 인정할 수 있는 것이 아닐 수도 있습니다.

그렇지만 보편적으로,

"젓가락을 가지런하게 놓았다."

"먹을 것이 생기면 욕심내지 않고 나눠서 먹더라."

같은 것은 학교성적보다 더 중요한 인간적인 성장입니다. 이렇게 성장시키기 위해 아이의 장점을 찾아 인정해 주는 것이 바로 부모의 몫입니다. 어느 날 아이에게서 장점을 찾았을 때,

"신발이 가지런하게 정돈되어 있어서, 엄마가 기쁘구나."

라며 칭찬해 줍니다.

다시 말해 아이의 결점이나 흠집만을 보완하려는 노력보다 장점을 찾아서 인정해 줌으로써 아이의 자신감을 키우는 노력이 필요합니다.

의미 없는 칭찬과 격려는 0점짜리 칭찬법이다.

야단보다 칭찬이 좋은 것이라고 해서 아이의 행동에 시시비비를 가리지 않고 모든 것을 칭찬해 준다면 도리어 의욕을 상실시키는 꼴이 됩니다.

예를 들어 아이가 그림을 그렸습니다. 그때 엄마는 그림에 대해 문외한이면서,

"훌륭하구나. 이 정도면 미술대회에서 금상감이야. 거실에 붙여 놓을까?"

"매우 잘 그렸구나."

라면서 거실 벽에 붙였습니다. 그러나 아이는 얼굴을 찡그리면서 엄마에게,

"엄마, 그림을 거꾸로 붙이면 어떻게 해요?"

라고 했습니다. 얼마나 창피한 일입니까?

서울에서 유명한 유치원의 선생님들은 아이들에게 칭찬할 때,

"매우 잘 그렸다."

"어머나, 잘했네."

라는 말을 전혀 사용하지 않는 대신,

"어머, 어제보다 열심히 했구나."

라고 합니다.

나이가 5~6살 되는 아이들에게,

"매우 잘 그렸구나."

라고 칭찬하면 절대로 기뻐하지 않습니다. 도리어 아이들은 '하얀 종이 위에 내가 마음먹은 대로 그려진다면 얼마나 좋을까?'라며 중얼거릴 것입니다.

어른들의 생각에 5~6살 아이들에게 예술적인 고민이 뭐가 있겠냐고 생각하겠지만 천만의 말씀입니다. 한번 그린 그림에 만족하지 않고 새로운 그림을 그리고 싶어 하는 바람이 있는 것입니다. 그렇기 때문에 단순히 칭찬하면 된다는 생각으로,

"매우 잘 그렸구나."

라는 칭찬은 아이의 동심을 흐트러뜨릴 뿐입니다.

송파에 있는 유치원에서는 선생님들이,

"잘 보고 그렸구나. 지난주처럼 물감을 쏟지 않아서 다행이구나."

라고 칭찬합니다. 이런 말을 끊임없이 들려준다면 아이들끼리 서로 헐뜯는 일이 없어집니다.

만약 어떤 아이가 실망한 나머지,

"여기에 물감이 튀었어."

라고 하면,

"다음엔 붓을 엄지와 검지에 고정시키면 된다."

라고 이해시켜 주면 됩니다. 이런 방법은 가정교육에서도 가능합니다.

예를 들어 아이의 노력을 보고 엄마가 칭찬할 때,

"여기에 네 생각이 많이 들었구나."

"어머, 정말 예쁜 색을 선택했네. 엄마는 이런 색깔을 좋아한단다."

라고 칭찬과 격려를 동시에 해 주는 것입니다.

이때 주의할 것은 형제나 친구들과 비교하지 않는 것입니다. 다시 말해 과거의 낡고 형식적인 잣대는 미련 없이 버려야 합니다.

소극적인 아이에서
적극적인 아이로 변하게 하는 칭찬법

아이의 노력을 인정해 자신감을 갖게 해 줘야 합니다.

영희는 초등학교 1학년에 입학하면서 엄마에게 책상, 학습 도구 등 여러 가지를 선물 받았는데, 하루빨리 쓰고 싶어서 안달 내고 있습니다. 더구나 엄마가,

"영희는 초등학생이 되었으니까, 어린아이처럼 굴면 안 된다."

라는 말을 했을 때는, 영희는 하루아침에 어른이 된 것 같은 기분이었습니다.

그러나 엄마에게,

"초등학생이니까 정리정돈은 네 스스로 해야 한다."

"그렇게 정리정돈을 하면 되겠니? 학교에서도 그렇게 하면 선생님에게도 야단맞는다. 알겠지!"

"그렇게 정리정돈을 하면 되겠니? 학교에서도 그렇게 하면 선생님에게도 야단맞는다. 알겠지!"

라는 말을 듣자 영희는 기쁨보다 실망스러움이 더 컸습니다. 이에 영희는 '언니가 되어도, 초등학생이 되어도 지금과 똑같아.'라고 생각했습니다.

이렇게 엄마는 아이에게 의욕을 저하시키는 말을 함으로써 아이는 부담감이 생겨 등교를 거부할 수도 있습니다.

이런 처지에 있는 엄마는,

"초등학생이 되었으니까 정리정돈을 잘할 수가 있단다. 엄마랑 한번 해볼까?"

라고 격려해 주는 방법도 좋을 것입니다.

어느 유치원에서 어린 반 아이들이 정리정돈 하는데 시간이 많이 걸려 큰 반 아이들이 도와준다며 깨끗하게 정리정돈을 해버렸습니다. 그러자 어린 반 아이들은 울면서,

"우리도 정리정돈 할 힘이 있는데 형들이 와서 다 해버렸어요."

라고 했습니다. 아이가 어리더라도 조급해하지 말고 스스로 하면서 체험을 쌓아 가게 하는 배려가 있어야 합니다.

영희에게,

"언니가 되어서 그것도 못해, 엄마가 부끄럽다."

라는 것은 엄마의 체면을 말한 것으로 야단치는 의미가 없습니다. 그래서 아이가 어떤 일을 하다가 실패했을 때,

"그것 봐, 실패했잖니!"

라고 하는 것보다,

"할 수 있는 힘이 충분한데, 아까워서 어떡하니?"

라고 한다면 아이는 반성과 함께 실패에 대한 원인까지도 터득할 것입니다. 이렇게 하기 위해선 엄마의 끈기와 인내가 뒷받침되어야만 합니다.

학교를 파하고 돌아오는 아이에게,

"영희야, 숙제부터 해라."

라는 말은 엄마의 저녁인사가 될 가능성이 많습니다.

학교숙제는 반드시 정답을 요구하기 위한 것이 아닙니다. 다시 말해 한 문제를 풀더라도 얼마나 깊이 있게, 온 힘을 기울여 했는지를 판단하는 것입니다. 그렇기 때문에 아이는 엄마로부터 떠밀려 숙제를 하기보다는 아이가 스스로 준비될 때까지 기다려 주는 것이 좋습니다. 그리고 숙제할 때 한 문제를 놓고 악전고투하더라도 부모가 거들어서는 안 됩니다. 왜냐하면 아이가 그 문제를 성공한다면 스스로의 노력에 대한 아이의 성취감은 이루 말할 수 없이 클 것이기 때문입니다. 이때 부모는,

"최고인데, 오늘은 한 문제만 풀었지만, 내일은 더 많이 풀 수 있을 거야."

라는 말과 함께 쉬도록 해주는 것이 좋습니다.

한마디로 칭찬은 아이가 성장하면서 점차적으로 자신감을 갖도록 해줍니다. 자신감은 의욕적, 적극적으로 사

물을 접하게 합니다. 또한 아이가 스스로 성장하는 데 좋은 버팀목이 되기도 합니다.

사례

수민은 유치원에 다니고 있지만 친구들과 어울리지 못하고 항상 외톨이로 지내고 있습니다. 그래서 엄마는 친구에게,

"우리 아이는 친구들과 잘 어울리지를 못해 걱정이야. 고칠 수 있을지 모르겠어."

라고 하소연했습니다. 그 시간의 수민은 친구들과 어울릴 수가 없어서 혼자 나비를 찾으면서 시간을 보냈습니다. 이때 수민이 나비를 무척 좋아하는 것을 유치원의 선생님이 알고는,

"수민은 나비 박사구나."

라고 했습니다. 때마침 유치원 교육차원에서 호랑나비와 노랑나비를 기르고 있었습니다. 그래서 유치원 선생님께서 수민에게,

"나비에게 무엇을

소극적인 아이에게 특효는 자신감을 가지게 하는 것입니다.

주면 될까요?"

"수민이가 생각하는 나비의 집은 어떤 모양일까?"

라며 여러 가지를 질문했습니다.

나비 박사가 된 수민은 자신이 잘 알고 있었기 때문에 자신있게 대답했고, 이것으로 모든 아이들에게 인정을 받았습니다. 더구나 소극적인 아이에서 적극적인 아이로 변한 수민은 친구들과도 잘 어울렸습니다. 이처럼 소극적인 아이에게 특효는 자신감을 가지게 하는 것입니다.

사례

수민과 반대의 예로 민수의 경우가 있습니다. 민수는 유치원에 다닐 때는 친구들과 잘 어울리는 성격이었습니다. 그러나 부모의 무리한 희망으로 유치원 선생님이 걱정스러워하는 한 사립초등학교에 민수를 입학시켰습니다.

민수가 다니던 유치원에서 졸업한 친구들을 초대해 우정을 맺어주는 행사가 있었습니다. 민수를 포함한 친구들은 선생님의 제안으로 그림을 그렸습니다. 하지만 민수만 그림을 제대로 그리지 않았습니다. 그래서 선생님은,

"민수야, 무슨 일 있었어? 넌 유치원생일 땐 그림을 잘 그렸는데?"

라고 물었습니다. 민수는 눈을 감은 채 도화지에 제멋대로 선을 그린 후,

"선생님, 전 눈을 감고 있어서 그릴 수 없어요."

라고 대답했습니다. 민수의 이 같은 대답에 선생님은 민수가 사립초등학교에 입학해 열심히 해도 칭찬받을 수 없었기 때문이라고 분석했습니다.

다시 말해 유치원 선생님이 우려했던 것처럼 민수에게 맞지 않는 방법으로 공부를 강요당했기 때문입니다. 민수는 사립초등학교에 입학한 후 지금까지 상처를 받고 있었던 것입니다.

이에 따라 아이에게 성과를 '좋다' '나쁘다'로 평가하는 것보다 노력에 대해 인정해 줌으로써 안심을 갖게 해 주는 것이 좋습니다.

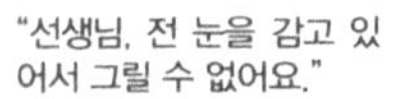
"선생님, 전 눈을 감고 있어서 그릴 수 없어요."

야단보다 대화로, 명령보다
상담으로 분위기를 만드는 것이 부모의 의무이다.

교내에서 폭력을 휘두르는 아이들은,

"무시당하고 있다."

라고 생각합니다. 그 이유는 자신들이 폭력을 휘두를 때 부모나 교사가 야단치지 않았기 때문이라고 합니다.

교내폭력이나 자살 같은 아이의 파괴적인 행동은 직전까지 어떤 문제가 쌓이고 쌓인 것이 순간적으로 폭발한 것입니다. 다시 말해 터지기 직전까지의 부푼 풍선에 어떤 것이 계기가 되면서 터져 버린 것입니다.

아이에게 쌓인 것이 무엇일까요?

여러 가지 이유가 있을 테지만 우선 가정에서의 문제는 아이를 곁에 두고 강요하는 행동이나 아이를 숨 막히게 하는 엄격한 관리를 꼽을 수 있습니다. 이에 따른 아이들이 자신의 불만을 토로할 장소가 없는 것도 문제입니다. 이것보다 더 큰 문제는 아이와 부모와의 소통이 제대로 이뤄지지 않고 있는 것입니다.

하지만 어른들은 이런 문제에 대해,

"무슨 소리, 우린 아이와 항상 대화하고 있는데."

라고 의아해합니다. 아이에게 일방통행으로 부모가 명령만 내리고 있는 것도 이런 문제에 포함됩니다. 또한 잔소리를 빼면 아이와의 대화는 과연 얼마나 될까요? 옛날 유교 사상의 영향 때문인지 알 수 없지만, 부모는 아이와 만나면 자신도 모르게 무조건 교훈을 줘야 한다는 잘못된 사고를 하게 됩니다. 이 역시 문제입니다.

아이에 대해 곰곰이 생각해 보면 아이는 학교에서 겪은 재미있는 이야기를 부모에게 이야기하기를 원하고 있습니다. 예를 들면 아이가 학교에서 돌아와,

"엄마, 오늘 정말 재미있는 놀이가 있었어요."

라고 했을 때 엄마는 갑자기,

"너는 그 놀이를 하지 않았겠지?"

라고 하면 아이가 어떻게 생각하겠습니까? 이런 상태로는

"아빠도 어릴 때 장난이 심해 야단을 많이 들었어."

부모와 아이와의 대화는 단발로 끝날 것입니다. 만약,

"너는 그 놀이를 하지 않았겠지?"

대신에,

"야단을 맞았니? 칭찬 받았니?"

라고 물으면 이것은 대화가 아니라 죄인을 심문하는 것과 같아집니다.

이런 엄마의 단답형의 대화법으로 말미암아 학교 이야기는 엄마가 듣고 싶은 얘기와 아이가 하고 싶은 이야기가 달라지기도 할 것입니다. 그래서 아이와 진지하게 대화를 나누기 위해서는 따뜻한 호기심을 먼저 앞세워야 합니다. 예를 들어 아이가 학교에서 엉뚱한 장난을 치고 돌아왔다고 가정해 봅시다. 그러면 엄마는 웃으면서,

"야단맞았구나. 짓궂은 장난은 아빠를 닮아서 그런가 보다. 호호호."

라고 하면 좋을 것입니다.

또한 아빠 역시 아이가 야단맞은 장난을 얘기하면,

"아빠도 어릴 때 장난이 심해 야단을 많이 들었어."

라며 분위기를 살려 주면 아이는 마음 편하게 되어 쉽게 대화가 이뤄집니다. 이럴 경우 아빠가 장난이나 실패 이야기를 아이에게 해줄 때 엄마가,

"어른답지 못하게 그런 얘기를 아이에게 하다니, 집안 가장인데 체통을 지켜요, 체통!"

이라며 막아버리는 것은 좋지 못한 행동입니다. 다시 말해 엄마는 자신의 가정교육을 위해 아빠를 방패막이로 삼는 것입니다.

한마디로 대화란 반드시 얼굴을 마주보고 이야기하는 것만이 아니며, 부모와 아이가 함께 행동하는 것도 대화의 시작입니다. 대화의 시간은 정해진 것이 아니라 줄넘기, 산책, 배드민턴, 탁구, 음악을 들을 때, 영화나 텔레비전을 볼 때도 가능합니다.

어떤 엄마에게,

"아이의 이야기를 무시하지 말고 경청해야 합니다."

라고 하면,

"아이가 요구하는 대로 복종해라."

라며 의미를 잘못 받아들이는 경우도 있습니다. 이런 엄마는 만약 아이가 자신의 말에 반대하는 행동을 하면 반항했다고 판단합니다. 이것은 매우 잘못된 생각입니다. 야단보다 대화로, 명령보다 상담으로 분위기를 만드는 것이 부모의 의무입니다.

이런 것들이 이루어지기 위해 가장 중요한 것은 우선 아빠와 엄마 사이가 돈독하다는 것을 아이에게 보여줘야만 실현이 가능해집니다.

부모의 기분에 좌우하는 야단은 좋지 않다.

어느 아동심리전문가는,

"부모와 아이의 교육상담 때 성격과 연관된 상담이 매우 많습니다."

라고 말합니다.

어느 날 엄마와 외할머니가 상담을 청해 왔는데 엄마가,

"아이가 성격이 급한데 아빠를 닮은 것 같습니다. 천성이라면 어쩔 수가 없습니다만 후천성이라면 고칠 수 있는 방법이 없겠습니까?"

하고 물었습니다. 이어서 외할머니가,

"아이 아빠가 직업도 없고 생활력이 약해 이혼했지요. 손자에게 그의 성격이 나타나 화가 무척 납니다."

라고 했습니다. 다시 말해 유전적으로 확실한 것이 없는데도 불구하고 아이의 모난 성격을 유전으로 몰아붙인 것입니다.

두 번째 예로 어느 부인이 찾아와 비슷한 고민을 털어놓았습니다.

"부부싸움을 한 뒤 아이에게서 남편과 똑같은 성격이 보일 때마다 화가 치밀어 오릅니다. 또한 그런 성격에서 나온 행동으로 나에게 야단맞는 아이도 불쌍합니다."

이 케이스는 부모가 아이의 좋지 못한 성격을 자신의 결점이라고 생각하는 데서 비롯된 경우입니다.

하지만 성격은 유전적으로 전해지는 것이 절대로 아닙니다. 아이의 성격은 자라면서 변하게 되므로 타인이나 본인의 마음대로 바꿀 수 있는 것이 아닙니다.

부모가 아이의 성격을 유전적인 문제라고 생각하는 것은 성격을 운명적으로 받아들이기 때문입니다. 성격은 아이가 성장하는 과정에서 변하기 때문에 좋은 본보기들이 필요합니다. 성격의 형성과 발달은 주변 환경에서 영향을 받는 것이지 부모가 유도하는 방향으로 끌려가지 않습니다. 아이가 자라면서 성격이 변화되는 과정이나 방법에 있어서도 아이가 가지고 있는 방식이나 리듬이 있습니다. 따라서 성격은 선천적이거나 유전으로 전해지는 것이 아닙니다. 더구나 아이의 나쁜 성격을 개조한다는 것은 쉽지가 않습니다.

그래서 부모는 아이에게,

"너는 어째서 패기도 없고 용기도 없는 것이니? 네가 생각한 대로 하고 싶다고 정확하게 말하면 되는데."

이렇게 야단치면서 넋두리합니다. 그러나 이런 말은 아이에게 아무런 도움이 되지 않습니다.

부모는 자신의 아이가 소극적이라는 것을 액면 그대로 받아

들인 다음 아이가 필요한 것을 할 수 있도록 도와주어야 합니다. 이럴 때 부모가 아이에게,

"얘야, 네 생각으로는 어떻게 하고 싶어?"

라고 따뜻하게 물음으로써 의견을 내놓도록 유도하는 것이 좋습니다. 이때 아이가 말하는 주장에 대해 상냥하게 받아 주면서 의지를 서서히 끄집어 내는 것입니다.

"너는 어째서 패기도 없고 용기도 없는 것이니? 네가 생각한 대로 하고 싶다고 정확하게 말하면 되는데."

보편적으로 부모들은 자신들이 생각한 방향으로 가지 않으면 강제로 끌고 가려고 야단을 치거나 주의를 줍니다. 하지만 그 방향이라는 것은 대부분 아이가 가지고 있지 않은 것이기 때문에 문제가 되는 것입니다. 예를 들면 활동성이 강한 아이에게는 침착하기를, 신중하게 행동하는 아이에게는 적극적인 행동을 바라는 것입니다. 이럴 경우 부모가 제시한 것에 대해 아이는 부정하고 있다는 것을 알아야 합니다.

이때 부모의 주장이 강하면 강할수록 아이는 견딜 수 없게 됩니다. 그렇기 때문에 소극적인 성격은 소극적인 것에서 장점을 발견하여 인정해 주고 긍정적으로 받아들이면서 점차적

으로 개선해 나아가야 합니다.

이처럼 아이의 성격이 유전에서 비롯된 것이 아니라면 부모를 닮았다는 것은 무엇을 말하는 것일까요?

사례

어느 엄마가 시집간 딸의 집을 찾아갔습니다. 딸의 집이라 당연하게 손님대접을 받지 않았습니다. 설거지를 위해 딸이 부엌으로 가자 그 엄마도 뒤를 따라가 함께 그릇을 닦으면서 이야기꽃을 피웠습니다.

이때 초인종 소리가 들리자 딸은,

"수고하셨습니다."

라는 말과 함께 앞치마를 벗어서 손을 닦은 다음 싱크대에 얹어 놓고 현관으로 달려가는 것이었습니다. 이 모습을 본 엄마는 충격을 받았습니다.

"마치 나를 보는 것 같았어요. 내가 하는 행동을 그대로 배웠던 것이지요."

"마치 나를 보는 것 같았어요. 내가 하는 행동을 그대로 배웠던 것이지요."

엄마는 이렇게 회상했습니다.

이것이 바로 부모가 모델이 된 사례입니다. 이것은 부모가 가정교육을 위해 아이에게,

"그런 행동은 좋지 못한 것이야. 배워서는 안 된다."

라고 할 때만 들었기 때문에 이런 결과가 빚어진 것입니다. 이런 상황을 두고 '쇠귀에 경 읽는다.'라고 하는 것입니다.

아이는 어릴수록 부모의 행동에 대해 기억하는 것이 강합니다. 그렇다고 어떤 행동을 잘못했을 때 체벌로 기억시키는 것은 좋은 방법이 아닙니다. 그것보다는 '안 돼.'라는 말을 기억시켜 잘못된 행동을 억제하도록 해야 합니다.

그보다 먼저 부모는 자신의 행동을 돌아보고 만약, 나쁜 버릇을 아이에게 보여주고 있다면 하루빨리 개선하고, 아이의 나쁜 버릇도 '안 돼.'라는 말로 바로잡아 주어야 합니다. 부모의 행동이 개선되지 않고 아이에게만 야단친다면 아무런 효과가 없습니다. 아이가 나쁜 행동을 했을 때 '안 돼.'란 야단이 먹혀들지 않는 이유도 거기에 있습니다. 도리어 아이가 초등학교 3학년 이상이 되면,

"왜 그러세요. 엄마 · 아빠의 행동이잖아요."

라고 반발할 것입니다.

잘못을 저질렀을 때의 야단법은 남자 · 여자를 가려서는 안 된다.

보편적으로 아이들이 초등학교에 들어갈 나이가 되면 거친 말을 하고 싶어 합니다. 예를 들면 엄마가 아이에게,

"'나'라는 말 대신 '저'라고 말해야 한다."

라고 가르쳐도 듣지 않습니다. 이럴 때 부모는 무리한 요구와 강요를 할 필요가 없습니다.

부모가 야단치는 것 중 부모의 취향에 따라 행동해 주면 좋겠다는 바람이겠지만, 아이는 반드시 부모의 바람에 따른다는 의무가 없습니다. 다시 말해 취미의 문제와 도덕의 문제는 완전하게 다르기 때문입니다.

거짓말은 도덕의 문제인데, 이것은 야단치지 않으면 부모로서의 의무를 지키지 않은 것입니다. 도덕의 문제가 아닐 때는 의미가 불분명한 아이의 중얼거림에 야단보다는 분명하게 말하도록 선도하는 것이 좋습니다.

'나'와 '저'의 의미는 별 차이가 없습니다.

서두에서 언급한 자신을 지칭하는 '나'와 '저'의 의미는 별 차이가 없습니다. 유교 사상에서의 가정 언어교육은 정중한 말씨를 강조했고, 사건이나 사물에 대해선 분명하게 말하게 했습니다. 그러나 상대의 말을 끝까지 경청하고 이해해 주는 것에 대해서는 매우 소홀히 취급했습니다.

예를 들면 아이가 어떤 사물에 대해 분명하게 표현하려고 하면,

"이놈, 쓸데없는 이유만 대려고 하는구나."

라며 야단칩니다. 이것은 옳지 않습니다. 모든 사물이나 일에 대한 확실한 이치를 확인하는 것은 아이가 성장했다는 증거로 기뻐해야 할 일인 것입니다. 따라서 아이가 무엇을 물을 때 엄마가 언짢아하거나 외면한다면 그것은 엄마로서의 의무를 저버리는 행위가 됩니다.

아이가 묻는다는 것은 자신이 알고 있는 지식을 말하지 않으면 불안하거나 엄마가 자신의 마음을 모를 것이라는 불신 때문입니다. 아이는 야단을 맞을 때 보편적으로 하는 말이,

"그렇지만~."

이나 혹은,

"그러니까~."

라고 합니다. 이에 엄마는 아이에게,

"뭐가 그렇지만이야."

라며 아이의 말을 단절시켜 버립니다. 그러면서 엄마는 아

이에게,

"왜, 너는 항상 그런 핑계만 대는 거니."

라고 야단칩니다. 이것을 분석해 보면 아이에게 부모의 명령조의 사심이 들어가 있습니다. 명령조의 야단보다 대화로 풀어간다면,

"그렇지만~."

이라는 아이의 말이 자연스럽게 들릴 것입니다.

이렇게 부모와 아이의 관계가 상담형이 되기 위해서는 배드민턴 경기에서처럼 함께 힘을 합쳐야 하는 동지가 되어 서로의 실수를 빠짐없이 보완해 가는 길을 찾는다는 자세가 되어야 합니다.

또한 엄격한 신분사회의 아버지처럼,

"여자아이가 너무 자기주장을 펴는 것은 보기가 어색하다."

라고 말하는 것은 구시대적인 발상입니다.

도봉동의 어느 유치원에 K라는 여자아이가 있습니다. 그 아이가 반바지를 입을 때는 거칠고 굵은 목소리로,

"나."

라고 합니다. 그러나 치마를 입을 때는 얌전하게,

"저."

라고 합니다. 이 아이의 행동이 재미있긴 하지만 한 번쯤 생각해봐야 할 문제입니다.

그러나 이 아이가 초등학교 3학년이 된다면 반드시,

"선생님께서는 여자인 네가 '나'라고 거칠게 말하면 싫다고 할 거야. 하지만 얌전하게 '저'라고 해도 똑같은 말이잖니. 그러니까 '저'라고 하면 넌 분명히 선생님과 친해질 거야."

라고 말해 줘야 할 것입니다.

상대의 기분을 소중하게 여기는 의미에서 말을 선택하게 하는 가정교육은 반드시 필요한 것입니다.

또한 부모는 아이가 거칠고 난폭한 말을 걸어왔을 때 그것을 다스리기 위해 야단을 치지 말고 정확한 말로 바로잡아 준다면 아이의 말씨가 점차적으로 변할 것입니다. 또 다른 예로 아이가 갓난아이의 말투를 고치지 않고 그대로 사용하는 경우도 앞서 밝힌 방법을 사용하면 됩니다.

어른들의 생각보다 아이들은 의외로 보수성향이 짙어 여자

"여자는 얌전해야 된다."

아이가 바지를 입었을 때 다른 아이가,

"건방지구나."

라는 식으로 말하기도 합니다. 또한 빨간색 옷을 남자아이에게 입히려고 하면,

"여자 색깔이 싫어서 입지 않을 거야."

라고도 합니다.

이것은 부모가,

"남자아이는~."

"여자아이는~."

으로 말했기 때문에 이미 아이들의 뇌리에 각인된 것입니다.

이런 잘못된 유치원생들의 사고를 없애려고 여자아이에겐 반바지를 입게 하는 유치원도 있습니다.

대부분 여자아이들을 기계적인 것과 구조적인 표현에 약하다고 합니다. 성의 차이는 선천적인 것이 아니므로 이것은 이미 부모로부터 각인된 것뿐입니다.

그래서 엄마가 여자아이를 야단칠 때,

"여자는 얌전해야 된다."

"남자가 계집애처럼 울기는."

라고 한다면 좋지 않습니다. 이는 성장하는 아이들을 성별로 분류하여 구애되게 하고 다양한 가능성을 꺾는 행위입니다. 따라서 야단칠 때는 성별에 관계없이 잘못된 행동에만 국한시켜야 합니다.

돈 계산이 어두워도 사물의 본질을 정확하게 알도록 해야 한다.

과거와는 달리 지금의 아이들은 계산에 약삭빠르다고 말하는 사람들이 많습니다.

"올해는 세뱃돈을 누구누구에게 얼마를 받을 거야."

"난 만 원을 저금했어."

"난 너보다 많은 3만 원이야."

아이들의 이런 대화를 들은 어른들이 흔히 하는 말입니다.

또 어떤 가정은 돈과 연관된 것을 아이가 성장할 때까지 모르게 합니다. 부모는 아이가 적절한 나이가 되었을 때는 점차적으로 돈이 무엇인지, 어떻게 사용하는 것인지에 대한 방법을 가르칠 필요가 있습니다. 그 이유는 아이에게 돈의 개념을 배우게 하기 위함입니다. 초등학생 정도가 되면 간단한 심부름이나 용돈을 사용하기 때문에 사용 방법을 가르치는 것이 좋습니다. 만약 아이에게 용돈을 주었다면 사용처에 대해 이것저것 묻는 인색한 잔소리는 삼가야 할 것입니다.

예를 들어 부모가 아이에게,

"왜 쓸데없는 것을 사오니?"

"이렇게 촌스런 것을 골랐니?"

라고 관여하는 것은 좋지 않습니다. 아이가 사온 물건이 맘

에 들지 않는다면,

"수민아, 엄마라면 그런 것을 사지 않았을 거야."

라고 가볍게 말해 주면 좋을 것입니다. 왜냐하면 아이들에게도 유행이 있습니다. 향기가 나고 색깔이 고운 지우개를 산다는 것도 일종의 유행을 따른 것입니다.

유행을 따라 돈의 사용이 헛되다고 생각될 때의 엄마는,

"다른 사람이 가지고 있다고 너까지 따라서 산다는 것은 잘못된 것이야. 물론 네가 좋아서 샀다면 어쩔 수 없지만~."

라고 주의를 주도록 합니다.

다음으로 노력의 대가인 수고비에 대해서 나열해 보겠습니다. 예를 들어,

"아빠 흰 머리카락을 뽑아주면 수고비 줄게."

"두부를 사고 거스름돈은 심부름 값이다."

라는 말은 아이들에게 좋지 못합니다.

아이가 노력했을 때,

"정말 고맙구나."

라는 진심의 말처럼 마음의 소통이 필요합니다. 만약 이런 소통이 없다면 부모와 자식은 거래 상대가 될 뿐입니다.

부모와 아이가 서로 도와주고 배려하는 것을 흥정의 대상으로 삼는다면, 결국 아이는 용돈이 필요해 자신의 노력을 파는 꼴이 됩니다. 이런 사이가 되면 아이의 성장에도 좋지 않습니다.

그래서 부모는 가사노동의 분담을 돈으로 매수해서는 안 됩니다. 그럴 경우 아이는 가족들이 힘을 합쳐 형성되는 풍요로운 삶과 여유로움을 노동의 임금처럼 생각하게 될 것입니다. 흔히 부모가 아이에게,

가사노동의 분담을 돈으로 매수해서는 안 됩니다.

"중간고사에서 평균 90점을 넘으면 만 원 줄게."

라는 말을 합니다. 이것 역시 최악입니다. 그 이유는 부모가 공부의 참뜻을 망각하고 아이에게 공부를 돈과 결부되게 했기 때문입니다. 보통 아이들은 돈을 벌어 오는 아빠가 최고이고 집에서 가사로 힘든 엄마는 낮게 평가하는 경향이 있습니다. 이것은 돈이 최고라는 인식이 아이들에게까지 스며들었기 때문입니다.

이런 인식을 심어 주지 않기 위해서 교육이 필요한 것입니다. 아이가 거실에서 뛰어놀다가 꽃병을 깨면,

"지금 무슨 짓을 한 거니? 그 꽃병이 얼마짜린 줄 알아?"

라고 야단치기보다는,

"이 꽃병은 할머니가 매우 아끼는 꽃병인데, 어쩌니?"

라고 부드럽게 말해 주는 것이 좋습니다.

추석 때 엄마는 큰아이와 작은아이에게 입힐 각각 다른 옷을 사왔습니다. 이때 동생이 엄마에게,

"엄마, 내 옷이 형과 달라서 싫어."

라고 하면,

"수민아, 네 옷이 형 것보다 조금 더 비싼 것이야."

라고 하는 것보다는,

"엄마는 이 옷이 예뻐서 수민에게 입히고 싶었단다."

라는 말로 돈과 결부되지 않게 이야기하는 것이 중요합니다.

돈이란 사용 방법에 따라 가치가 있기 때문에 금액의 많고 적음을 떠나 가르쳐야 합니다. 왜냐하면 욕심으로 돈을 쫓아다니면 반드시 실패하기 때문입니다. 그래서 계산이 어두워도 돈의 가치와 사물의 본질을 똑바로 볼 수 있도록 배려하는 것이 중요합니다.

아이에게 부담되는 학원은 성장에 도리어 해가 된다.

민영이는 초등학교 1학년인데, 유치원 때부터 일주일에 3회를 수영했고, 그밖에 피아노와 미술학원도 다니고 있습니다.

민영이는 이런 것들이 싫었지만 엄마의 야단이 무서워 반 강제적으로 학원을 다니고 있습니다. 그런데 최근 들어 민영이는 수영장에 갈 시간만 되면 토했습니다. 수업태도도 좋지 않았고, 체육시간에도 느렸으며, 어딘가 모르게 모든 것이 둔해졌습니다. 선생님은 이 일을 민영 엄마에게 알렸습니다.

그러자 엄마는 민영에게,

"민영아, 수영을 그만두고 싶어?"

라고 물었고 민영은 곧바로,

"그만두고 싶어요."

하면서 기뻐했습니다. 그렇지만 엄마는 지금까지 들인 공이 아까워,

"엄마는 민영이가 자신감을 되찾았으면 한다."

라고 말한 뒤 고민하기 시작했습니다.

수민은 유치원에 입학하면서 음악학원에 다녔습니다. 엄마가 수민을 음악학원에 보낸 이유는 자신에게 없는 특기를 아이에게 심어주고 싶었기 때문입니다. 하지만 집에서의 연습이

엄마는 매일 야단을 치면서 강제로 시켰고, 수민은 울면서 연습을 하고 있습니다.

쉽지 않자 엄마는 매일 야단을 치면서 강제로 시켰고, 이에 수민은 울면서 연습을 하고 있습니다.

그러자 엄마는,

"장난감 사 준다며 구슬려서 시키는 것도 진저리가 납니다. 음악가로 만들기는 어렵지만 취미로 할 수 있을 때까지 했으면 합니다."

라면서 학원을 중도에 그만두게 할지 말지를 고민하고 있습니다.

두 가지의 이야기에서 볼 때 부모는 아이가 무엇이 싫은지를 확실하게 판단해야 합니다. 민영에게 주 3회라는 것은 너무 무리였습니다. 민영이가 수영을 싫어하는 것이 아니라면, 우선 주 1회로 횟수를 줄인 다음 상황을 체크해 보는 것이 좋습니다.

수민은 학원보다 집에서 제 마음대로 피아노 치는 것을 좋아합니다. 다만 엄마의 감독 아래 실력을 선생님에게 보여주기 위한 연습이 싫은 것이었습니다. 이럴 경우엔 엄격한 감독이 아니라 지도가 늦어도 자유롭게 만들어주는 것이 효과적일 것입니다.

물론 한번 시작한 것을 중도에 그만둔다는 것은 아이에게도 좋지 않습니다. 그렇지만 무리하게 체벌을 가하면서 시킨다면 끝내는 그것을 싫어하게 되고 아이에게 깊은 상처를 심어주는 결과가 될 것입니다.

또 민영과 수민이 공통적으로 엄마에게,

"엄마 개똥이가 학원에 다니는데, 나도 가고 싶어요."

라고 요청했더라도 선뜻 허락하기보다는, 아이가 지속적으로 흥미를 가질 수 있는지 없는지에 대해 꼼꼼하게 파악해야만 합니다.

이렇게 하지 않고 자신의 대리만족을 위해 아이들을 내모는 것은 아이들에게 심한 상처를 주는 행위입니다.

아이가 마음속으로 겪는 고통을 생각한다면 이런 일은 없어야 할 것입니다.

지금의 모든 부모는 자식을 개성이 풍부한 인간으로 성장시키려고 노력합니다. 하지만 이것은 부모의 헛된 희망일 뿐이라는 것을 명심해야만 합니다. 이런 희망을 갖지 않아도 아이의 개성은 자연적으로 형성되는 것입니다. 다시 말해 미술, 음악, 운동 등을 다양하게 배우게 해 적성에 맞는 것으로 고른다는 것은 헛된 노력일 뿐입니다.

만약 경제적인 여유가 있다면 피아노와 같은, 아이가 관심을 갖는 것을 집에 들여놓는 것도 좋습니다. 아이가 피아노를 좋아할 경우 취미생활로 자연스럽게 피아노를 익히도록 유도하는 것이 좋습니다. 그러나 이런 것을 계기로 피아니스트가 된다고 생각하는 것은 한낱 착각에 불과합니다. 피아니스트가 되는 것은 청년기에 스스로 선택하는 것입니다.

part 5

아이의 **잘못된 행동**에 대한 이유를 정확하게 **알고 야단을 친다.**

자제심을 향상시키기 위해서는 아이의 장점을 찾아 칭찬해 준다.

수민은 아빠의 지갑에서 돈을 몰래 가져갔습니다.

초등학교 2학년에 재학 중인 수민은 부모님과 남동생, 이렇게 네 식구가 함께 살고 있습니다. 수민은 유치원에 다닐 때 엄마의 지갑에서 몰래 돈을 꺼낸 적이 있었습니다. 이로 말미암아 엄마는 가능한 한 지갑을 수민의 눈에 띄지 않는 곳에 숨겨 두었습니다. 그러자 수민은 아빠의 지갑에서 돈을 몰래 가져갔습니다. 놀란 엄마는 수민을 불러 호되게 야단치면서 매로 체벌했습니다. 그래도 고쳐지지 않아 할 수 없이 아빠에게 말해 야단치도록 하자 멈췄습니다.

그러나 얼마 전부터 수민은 천 원짜리, 만 원짜리를 엄마의 지갑에서 몰래 꺼내 가거나 이것이 여의찮으면 급식비까지 써버렸습니다. 용돈은 하루에 500원을 주는데, 모두 군것질에 써버리는 것입니다.

초등학교 다니는 영수도 부모님과 여동생, 모두 네 식구가 함께 살고 있습니다. 엄마는 영수에게 용돈으로 매일 600원을 주고 있지만, 영수는 이에 만족하지 않고 찬장에 놓여 있는 엄마의 지갑에서 몰래 돈을 꺼내 갑니다. 이에 엄마는 영수에게,

"돈을 몰래 훔쳐가는 것은 도둑놈이니까 경찰 아저씨에게 가야 한다."

혹은,

"영수야, 두 번 다시 이러면 너는 엄마의 자식이 아니다. 그리고 고아원에 데려다 줄 거야."

라며 호되게 야단쳤습니다.

찬장에 놓여 있는 엄마의 지갑에서 몰래 돈을 꺼내 갑니다.

수민의 엄마나 영수의 엄마는 아이들의 버릇을 고치기 위해 지갑을 숨기고 싶어도 다른 곳으로 눈을 돌려 훔칠까 걱정되어서 그렇게 하지도 못합니다.

이처럼 엄마의 지갑에서 몰래 돈을 훔치고, 거짓말하는 이런 나쁜 버릇이 점점 커져 되돌릴 수 없는 길로 빠질 것을 염려하는 부모들의 마

음은 이해할 수 있습니다. 그러나 이런 손버릇만 야단친다면 고칠 수가 없습니다. 초등학교 1학년 아이들에게 간식은 최고의 먹을거리라고 할 수 있습니다.

그런데 500원에서 600원의 용돈으로 시중에서 판매되는 과자나 간식을 사먹을 수 있을까요?

두 아이가 받는 용돈으로는 군것질 한 번으로 끝나기 때문에 당연하게 돈이 부족합니다. 그래서 몰래 지갑에 손을 대는 것입니다.

아이들에게 있어서 간식은 식사의 일부분이라고 생각하는 것이 아이의 마음을 이해하는 데 도움이 될 것입니다. 종종 인기리에 판매되고 있는 간식이 먹고 싶다고 하면 엄마는 아이와 함께 가서 사 주는 것도 좋습니다.

특히 받은 용돈으로 군것질하는 아이의 즐거움을 부모들이 인정해야만 합니다. 그러니까 엄마는 지갑을 숨길 것이 아니라, 아이에게 용돈을 현명하게 사용할 수 있도록 방법을 가르쳐 주어야 합니다. 그러기 위해서는 매일 용돈을 주기보다 5일이나 15일 아니면 한 달을 기준으로 한꺼번에 주는 것이 좋습니다.

이때 부모의 자격지심으로 한꺼번에 용돈을 주면 무조건 써버릴 수 있다는 기우는 아이의 현명한 용돈 사용법을 막는 길입니다. 또 다른 방법으로는 간식을 별도로 만들어주거나 사주면서 군것질은 근절시키고, 용돈은 아이의 자율성에 맡기는 것입니다.

용돈의 사용법을 가르치는 것도 중요하지만 아이의 생활을 되짚어보는 것도 중요합니다. 즉 간식시간, 식사시간, 취침시간, 공부시간, 휴식시간 등 아이의 일과표를 짜서 부모와 함께 지키도록 하는 것입니다. 이것은 규칙적인 생활로 아이의 무분별한 삶을 다잡아 올바른 인간상으로 성장시키는 데 반드시 필요하고 또한 중요한 일입니다.

이렇게 엄마와 아이가 함께 일과표대로 생활을 하다 보면 아이의 용돈 사용을 체크할 수 있고 또 엄마의 아이의 손버릇에 대한 불신감도 해소할 수 있을 것입니다. 그래도 안심이 되지 않는다면 아이에게 자제심을 갖도록 교육해야 합니다. 아이의 장점을 찾아 칭찬해 주고 격려해 주는 것은 자제심 향상에 많은 도움이 됩니다.

100점짜리 야단법은 아이를 혼낼 때 감정을 개입시키지 않는 것이다.

여자아이를 둔 엄마는,

"내 아이는 야단맞을 때 '어휴, 정말 참을 수가 없네.' 하면서 무조건 동생 탓으로 돌립니다. 언니는 동생이 잘못을 해도 감싸주는 것인데, 답답합니다."

라고 했습니다.

이런 일의 원인은 가령 동생이 응접실의 꽃병을 깼을 경우 엄마가,

"어린 동생이니까, 그럴 수도 있겠지."

라며 대수롭지 않게 여기고, 언니가 깼을 때는,

"언니가 되어서 왜 그러니? 언제까지 엄마 속을 태울 거야."

라며 야단을 쳤기 때문입니다.

언니는 동생의 탓으로 돌리면 엄마가 동생이기 때문에 야단치

엄마의 편파적인 야단은 아이에게 나쁜 영향을 주고 아이를 거짓말쟁이로 만들 우려가 있습니다.

지 않을 것으로 생각해 이렇게 푸념하는 것입니다. 이것은 엄마의 편파적인 야단이 도리어 아이에게 나쁜 영향을 준 것으로, 이런 야단이 계속된다면 아이는 자기가 한 잘못을 동생에게 떠넘기는 거짓말쟁이로 발전될 우려가 있습니다.

또 다른 예로 아이가 용돈으로 부모가 생각하기에 쓸데없는 장난감을 샀을 때,

"너는 그렇게 보는 눈이 없니? 앞으로 쓸모없는 장난감을 산다면 용돈을 주지 않겠다. 돈이 아깝다, 돈이."

라고 했을 경우, 아이는 그 다음부터 용돈을 사용할 때 몰래 사용하고 나아가 직접 산 장난감도 엄마 앞에서는,

"친구에게 얻었어요."

혹은,

"길에서 주웠어."

라는 거짓말을 할 것입니다.

따라서 아이가 거짓말을 한다면 부모는 흥분하여 야단칠 것이 아니라,

"저 아이가 왜 저런 거짓말을 하지?"

하는 의문을 갖고 원인을 파악해야 합니다. 이미 야단을 쳤다면,

"야단칠 때 내 감정이 개입되지 않았나?"

하는 반성의 생각도 잊으면 안 될 것입니다.

수민은 일 년 중 자신의 생일에만 장난감을 선물로 받습니다. 그러나 친구 민수의 집에 가면 자신보다 훨씬 많은 장난감이 쌓여 있어서 항상 부러웠습니다. 그러던 중 어느 날 집 근처에 있는 장난감 가게에서 인형을 훔치고 말았습니다. 그런 다음 훔친 인형을 민수의 장난감과 바꾸었습니다. 이것이 계가 되어 수민은 두세 번 장난감 가게에서 장난감을 훔쳤습니다.

종종 민수가 수민의 집에 놀러 오는데 어느 날,

"아줌마, 이 장난감 수민에게서 받은 거예요."

하면서 장난감을 보여주었는데, 수민 엄마는 그제서야 수민이 장난감을 훔쳤다는 것을 알게 되었습니다. 수민 엄마는 호되게 야단치면서 손버릇이 없어질 때까지 민수 집에 가지 말라고 강요했습니다. 그로부터 2개월 뒤 엄마는 수민이 장난감을 훔쳐 다른 친구에게 가져갔다는 것을 알았습니다.

한마디로 수민의 엄마는 수민이 장난감을 왜 훔쳐야 했는지에 대해 깊이 생각하지 않은 것입니다. 훔치게 된 까닭도 모른 채 무조건 야단치는 것으로 아이의 버릇을 고칠 수가 없습니다. 버릇을 고치기 위해서는 일 년에 한 번 정도 장난감을 사 주기보다는 회수를 4회 정도로 늘려 주면서 도둑질은 나쁜 것이라는 것을 각인시켜 줘야 합니다. 물론 민수처럼 너무 많은 장난감을 사 준다는 것도 한번 고려해 볼 문제입니다.

원하는 장난감이 한 번의 용돈으로는 살 수 없을 때는 용돈을 모아서 살 수 있도록 가르쳐야 합니다.

아이가 장난감을 원할 때 용돈으로 자신이 갖고 싶어 하는 장난감을 살 수 있도록 유도하는 것도 좋습니다. 만약 원하는 장난감이 한 번의 용돈으로는 살 수 없는 것이라면 용돈을 모아서 살 수 있도록 가르쳐야 합니다. 다른 방법으로는,

"네가 용돈을 아껴서 반 정도를 모으면 나머지는 엄마가 보태 줄게."

라고 제안하는 방법이 있습니다.

한편, 수민이 훔친 장난감을 처리하는 방법에도 문제가 있

습니다. 수민의 엄마는 이미 중고품이 된 장난감을 돌려줄 수가 없다고 생각해,

"나중에 엄마가 장난감 가게에 들러 사과할게."

라고 말했던 것입니다.

이럴 경우 가장 합리적인 해결방법은 엄마가 수민과 함께 가게에 들러 자신이 한 일에 대해 책임을 지도록 하는 것입니다.

또한 아무리 장난감이지만 아이들끼리 자유롭게 주거나 받는 것도 생각해 볼 사항입니다. 주거나 받는 행동이 장난감에 국한된 것이 아니므로 사물의 가치를 모르는 아이로서는 삼가는 것이 좋습니다. 따라서 아이가 친구에게 장난감을 얻었다고 했을 때, 부모는 선물을 준 친구 집에 전화를 걸어서 감사의 말과 함께 확인하는 것이 좋습니다.

그러면 아이들의 충동적인 도둑질을 예방할 수 있습니다. 아이들은 물건을 훔칠 때 자신의 행동이 나쁜 짓인 줄 알고 있으면서 행동에 들어갑니다. 이럴 때 아이에게 내리는 부모의 감정 섞인 야단은 매우 신중하게 생각해야만 합니다. 다시 말해 집안 전체가 아이를 비난한다면 아이 스스로 자신이 나쁜 아이라고 생각해 더 나빠질 수가 있습니다.

이런 문제에서 가장 중요한 것은 한 번임에도 불구하고 아이에게 낙인을 찍는 것과 같은 야단은 도리어 역효과를 주기 때문에 부모 자신이 어떻게 하고 있는지를 신중하게 생각해 볼 필요가 있습니다.

아이에게 칭찬이나 야단을 칠 때
반드시 눈을 마주보며 해야 한다.

어느 누구라고 할 것 없이 어른이라면 아이가 친구의 부자유한 신체에 대해 무시하거나 깔볼 때 야단칠 것입니다. 그러나 어른이 아닌 어린아이의 경우 이런 언행은 악의적이기보다 재미에서 나오는 것입니다.

그렇지만 그런 상황에서 아무렇지도 않게 아이를 내버려둔다는 것은 어른으로서의 의무를 저버리는 것입니다. 다른 사람의 마음에 깊은 상처를 입히는 말은 아직 어린아이일지라도 잘못된 일임을 깨닫도록 진심으로 야단쳐야 합니다. 이때 엄마는 '내 아이가 이런 짓을 하다니? 창피해서 고개를 들지 못하겠네.'라고 생각해서는 안 됩니다. 엄마는 아이의 성장하지 못한 미숙한 부분에 대해서,

"왜 그렇게, 배려하는 맘이 없니?"

라고 단단히 야단치고 차후에 알아들을 수 있도록 설명을 덧붙여야 합니다.

어른들도 자기 자신에 대해 '내가 한 일인데, 이렇게 어리석었을까?'라고 스스로 비판하는 경우가 있습니다. 마찬가지로 아이도 어른처럼 '해서는 안 될 일을 했구나.'라는 생각을 스스로 깨닫게 해야 합니다. 그래야만 나중에 이와 같은 실수가 없

습니다.

아이에게 잘못을 설명할 경우 만약 아이가 초등학생일 때는 부드럽게 아이의 양손을 붙잡고, 눈과 눈을 맞대고 진지하게 야단친다면 능히 통할 것입니다. 오래전부터 서양에서는 아이들의 교육에 대해 의학적인 개념과 정신적인 개념이 일치되는 스킨십을 많이 사용하고 있습니다. 따라서 아이와 눈을 맞춘다는 것도 이것과 견줄 만큼 매우 중요한 것입니다.

오래전에 어느 중증 장애아 시설에서 장기간 머물면서 기록 영화를 촬영한 사람의 이야기입니다. 스태프 중 카메라맨의 역할은 매우 중요한데, 화면 속에 등장하는 인물의 시선을 잘 잡는 것입니다. 이것으로 영상의 깊이가 좌우되기 때문입니다. 그렇기에 카메라맨들은,

"아이들의 시선 안에 반대편의 얼굴이 담기지 않으면 죽은 영상입니다."

라고 강조합니다.

시선을 다른 말로 눈길이라고 하는데, 흔히 지하철에서 어린아이를 데리고 탄 엄마가 아이에게 무언가 말을 할 경우, 대부분 눈을 마주치지 않습니다. 그저 목소리로만 야단칠 뿐입니다. 이것은 아이에게 좋지 못한 이미지를 줄 가능성이 많습니다. 아이가 신발을 벗고 좌석 위에 서서 바깥을 바라보고 있는데, 갑자기 엄마가,

"다 왔구나. 이제 내리자."

라며 아이에게 억지로 신발을 신깁니다.

이런 행위를 다른 말로 표현하면 인형을 다루는 방법이라고 합니다. 이런 행위로는 절대로 아이 스스로 자립할 수가 없습니다. 스킨십이 가미되지 않아 정신적으로 마음이 통하지 않았기 때문입니다. 무조건 아이의 발을 당겨 신발을 신기기보다는 느긋하게 아이의 눈을 맞추면서,

"재미있었니? 다음에 내려야 하니까, 엄마에게 한쪽 발부터 천천히 내밀어 봐. 그러면 신발을 신을 수가 있단다."

아이에게 칭찬이나 야단을 칠 때 반드시 필요한 것은 아이와 평행선으로 눈을 마주하는 것입니다.

라며 혼자 신발을 신을 수 있게 유도합니다.

또 버스 안에서 어떤 아이가 씹고 난 껌을 종이 쌌습니다. 그런데 이 아이는 그것을 어디에 버려야 할지를 몰라 엄마를 불렀지만 도와주지 않았습니다. 아이는 하는 수 없이 엄마의 장바구니에 버렸습니다. 그때 엄마는 갑자기 아이를 향해,

"여기다 버리면 어떻게 해. 더럽잖아."

하고 화를 냈습니다.

이와 같은 엄마의 이기주의적인 야단은 부모와 자식 사이를 멀어지게 할 것이 분명합니다. 부모가 아이에게 칭찬이나 야단을 칠 때 반드시 필요한 것은 아이와 평행선으로 눈을 마주하는 것입니다. 또한 일상생활에서도 아이가 무언가 말을 걸어올 때 반드시 시선을 같이하면, 아이는 인격적으로 훌륭하게 성장할 것입니다.

아빠의 야단에 위로를 청하는 아이에게 정확한 설명이 필요하다.

엄마의 계속되는 잔소리에 면역력이 생긴 아이는 웬만해서 한쪽 귀로 듣고 한쪽 귀로 흘려버립니다. 하지만 가끔 아빠에게 야단을 맞고 나면 무척 분개합니다. 그 이유는 아빠는 전업주부인 엄마와 달리 직장에 다니고 있기 때문에 아이와 가깝게 지낼 시간이 부족했던 것입니다.

아빠는 아이에 대한 정보가 부족해 야단치는 방법이나 강

엄마는 아빠가 무엇 때문에 야단을 쳤는지에 대한 명확한 설명을 해 주어야 합니다.

도에 대해 어둡기 때문에 무조건 엄격함에 초점을 맞춰버립니다. 만약 엄마가 생각하기에 아빠의 야단이 좀 지나치다고 생각되어도 말리거나 해서는 안 됩니다. 일단은 아빠에게 맡겨두고 상황이 모두 끝나고 아이가 물러간 다음 남편에게 넌지시,

"당신, 오늘 너무 지나친 것 같아요."

라고 말해 주는 것이 좋습니다.

우리나라는 유교 사상이 몸에 배어 있기 때문에 아빠들은 매우 권위적이고 자존심을 중히 여깁니다. 그렇기 때문에 서양과는 달리 아이를 야단친 뒤 아빠가 먼저 화해하자는 태도를 취하지 않습니다. 이것은 낡은 생각으로 좋지 않습니다. 어른이 먼저 아이에게 손을 내밀어 화해를 청한다면 화목한 가정을 이루는 길이 될 것입니다. 또한, 부모가 잘못했다고 생각하면 '미안해'라는 말과 함께 솔직하게 사과하는 모습이야말로 아이들의 정서에 좋은 영향을 끼치게 됩니다.

체격이나 성격의 강약 등과 관계없이, 옳은 것은 반드시 옳은 것이라는 강한 신념을 아이에게 심어 주어야 합니다. 아이가 올바른 것을 말할 때 부모도 분명하고 정확하게 인정해 주는 자세가 있어야만 부모와 자식 사이에 신뢰가 쌓이는 것입니다.

하지만 아이가 아빠에게 올바른 것을 말할 때 엄마가 나서서,

"오늘 아빠 컨디션이 매우 나쁜 것 같구나. 다음에 이야기 하면 안 되겠니? 엄마가 아빠에게 잘 말해 둘게. 알겠지?"

라고 한다면, 이것은 아빠에 대한 신뢰가 무너지는 결과로 이어집니다.

어린아이일수록 모처럼 아빠에게 야단을 맞으면 엄마에게 달려가 위로를 요청합니다. 이럴 경우 엄마는 아빠가 무엇 때문에 야단을 쳤는지에 대한 명확한 설명을 해 주어야 합니다. 그래야만 아빠에 대한 오해가 풀리면서 믿음이 자연스럽게 생기게 됩니다.

반항기 때 부모의 야단은
도리어 성장에 해가 된다.

대부분 아이가 2~3살이 되면 부모가 말한 것에 대해 의문을 갖거나 거부합니다. 예를 들면,

"맘마 먹자."

라는 엄마의 말에 아이는,

"싫어!"

라고 합니다. 또 옷을 입히려고 하면 다른 것을 요구하거나, 엄마에게 입혀달라고 떼를 쓰기도 합니다. 더구나 때와 장소를 가리지 않고 말썽을 피우기도 합니다.

이런 상황에 처한 엄마들은,

"아이들이 반항기라 어떻게 할 수가 없어 답답합니다."

라고 합니다. 또 아이가 떼를 쓸 때마다 엄마는 화가 나서,

"왜 그러니? 도대체, 뭐가 불만이야. 엄마 말을 듣지 않으려면 네 마음대로 해라."

라고 말합니다. 그러

"자, 그만 놀고 밥 먹자."

면 아이는 금세 울음을 터트립니다. 이런 상황 연출이 주기적으로 반복되는 것을 반항기라고 부릅니다.

반항기라고 명명한 사람은 독일의 심리학자 뷜러(C. Buhler)이며, 아이를 기르고 있는 엄마였습니다. 그녀가 반항기를 발견한 시기는 아이가 3살 때였습니다. 어느 날부터 아이가 종전까지와는 달리 엄마의 말을 무조건 거부했던 것입니다. 심리학자인 그녀는 이런 상황에 대해 이성을 잃거나 당황하지 않고 침착하게 관찰했습니다. 독일의 엄마들 대부분은 아이에게 엄격하고 군림하는 타입이기 때문에 자신의 교육방향대로 따라오지 않으면 반항하는 것으로 받아들이는 경우가 많습니다. 하지만 뷜러는 인내심을 갖고 꾸준히 아이를 관찰하였고 그 결과 또 한 번의 반항기를 발견합니다.

이에 따라 유아 때의 반항기를 지나 청년이 되었을 때 찾아오는 반항기를 '제2반항기'라고 하고 처음에 발견한 반항기를 '제1반항기'라고 하게 되었습니다.

이렇게 아이를 관찰하다 보면 아이의 반항은 다음의 예처럼 나타납니다.

엄마가 평소처럼,

"자, 그만 놀고 밥 먹자."

라고 해도 아이는,

"안 먹어요!"

라고 합니다. 그러나 엄마가 양말 두 켤레 꺼내 놓고,

"어느 것이 예쁠까? 골라 봐."

라고 하면 아이는 재빨리 한쪽을 선택합니다. 이 상황을 두고 볼 때, 아이의 거절이 반항의 목적이 아니라 스스로 선택할 능력이 생긴 것으로써 엄마가 어느 한쪽을 골라 주지 않았기 때문에 투정하는 형태로 나타나는 것입니다. 이러한 현상은 아이의 자아가 그만큼 성장했다는 의미입니다.

"어느 것이 예쁠까? 골라 봐."

아이가 이런 태도를 취할 때 엄마는 귀찮다며,

"그래? 그러면 네 마음대로 해라. 엄마는 모르겠다!"

하고 버럭 화를 내지 말고 적절한 방법을 생각해야 합니다.

예를 들어,

"어서 세수해야지."

라는 일방적인 명령보다,

"머리 감기와 발 씻기 중 어느 것부터 하겠니?"

라고 아이에게 선택권을 주는 방법입니다. 아이는 자아가 형성되기 전까지 엄마가 모든 것을 대신해 주는 자신의 분신으로 생각하고 있습니다. 그러다가 자아가 형성되면서 스스로 하고 싶은 것과 엄마가 해주는 것과의 차이를 느끼게 됩니다. 하지만 엄마는 이런 상황을 파악하지 못하고 아이가 하고 싶어 하는 것을 무조건 금지시키는 바람에 아이는 초조감에 빠집니다. 그렇기 때문에 아이의 반항은 더더욱 심해지는 것입니다.

다시 말해 이때의 아이는 부모와 자신의 일체감에서 벗어나려고 하는 시기입니다. 어리면 어릴수록 자신과 상대와의 입장 차이를 구분하지 못하기 때문에 반항이란 존재할 수가 없습니다.

자아가 형성된다는 것은 곤충이 변태하는 것과 같은 것으로, 이런 상황이 연출되는 과정에서 부모가 화를 내고 야단친다면 아이는 상처받게 되고 아이의 성장에 해가 될 것입니다. 반항기의 아이가 필요한 것은 부모의 세심한 주의와 관찰입니다.

야단과 칭찬에는
이해와 부드러움이 필요하다.

2~3살부터 시작된 반항기 상태에서 단순하게 했던 '싫어!'가 초등학교 3학년 이상이 되면 복합어의 성격을 띠게 됩니다. 다시 말해 단순한 거절이 아닌 생각과 이치가 포함된 형태로 나타나는 것입니다.

예를 들면 수민 엄마는 변함없이 아이가 학교에서 돌아오면 녹음기처럼,

"이제 오니? 그럼, 신발은 가지런히 벗어놓고, 가방은 네 책상 옆에 두어라. 그리고 놀러 가려면 반드시 어디에 가는지 말하고 가도록 해라."

라고 합니다. 수민은 엄마의 말을 알아듣고 2~3일 동안엔 무리 없이 실행합니다. 그러나 4일째 되는 날 수민이 학교에서 돌아와 방으로 들어가려는 순간 엄마가,

"수민아, 잠깐. 신발을 벗기 전에 엄마 심부름으로 가게에 갔다 오렴."

"수민아, 잠깐. 신발을 벗기 전에 엄마 심부름으로 가게에 갔다 오렴."

라고 했습니다.

이때 수민은 엄마가 시키는 대로 어기지 않고 지켰는데, 오늘은 심부름으로 그것이 달라졌으므로,

"엄마, 오늘은 신발을 벗지 않아도 돼요? 그리고 책가방을 현관에 둬도 괜찮아요?"

라며 자신의 생각과 다른 부분을 묻습니다. 그러자 엄마가 화를 내며,

"너, 심부름하기 싫어서 그렇게 말하는 것이니?"

라고 했습니다.

이런 상황에서 엄마의 대답은 100% 잘못된 것입니다. 그 이유는 부모가 아이의 심리 상태를 파악하지 못하고 그저 심부름하기 싫어하는 줄로만 알기 때문입니다. 아이는 현재 이것은 이런 것이기 때문에 이렇게 하지 않으면 안 된다는 논리를 생각할 수 있을 정도로 발달된 것입니다. 이런 아이의 논리를 부모 입장에서 생각하면 남의 말꼬리를 잡고 흔드는 억지처럼 여겨질 것입니다. 다시 말해 이처럼 논리적으로 생각하는 능력이 커졌다는 것에 야단을 치는 격으로 이치에 맞지 않는 행동입니다.

부모는 아이의 정신적 성장을 도와야 합니다.

만약 선생님이,

"여자아이가 책상다리를 하는 게 아니야!"

라고 말하면 여자아이는,

"선생님, 여자아이는 왜 책상다리를 하면 안 되나요?"

라고 되묻게 될 것입니다. 이것은 '제1반항기'와는 전혀 다른 것입니다. 다시 말해 자신이 미리 정해 놓은 것에 대해 다시 한 번 확인해 보는 예리한 눈이 생긴 것입니다.

이런 현상은 아이의 성장에 매우 좋은 일임에도 불구하고 대부분의 엄마들은 야단만으로 끝내는 경우가 많습니다. 부모가 아이의 정신적 성장에 도움을 줄 기회를 날려버린 것입니다. 다시 생각해 보면 앞서 선생님이 말한,

"여자가 책상다리를 해서는 안 된다."

라는 것은 논리적으로 증명할 수가 없습니다. 그러나 왜 안 되는지 묻는 아이에게는 대답이 필요합니다. 그래서 이때는,

"그런 행동은 반드시 행해서는 안 되는 것이 아닐지도 모르지만, 나는 당연히 그것을 싫어한다."

라고 대답해 주면 좋을 것입니다. 그렇지 않으면 정직하게 자기가 생각하는 이유를 주장해도 무방합니다.

하지만 아이에게 혼란을 줄 수 있는 대답은 피해야 합니다. 예를 들어,

"엄마는 이해할 수 있어. 그렇지만 옆집 아줌마가 널 어떻게 생각하겠니?"

라고 했을 때 아이가,

"다른 사람은 무시하고 내 마음대로 하면 안 되나요?"

라고 되묻게 됩니다. 그러면 엄마는 아이에게 또 다른 설명을 해 주어야 합니다. 그러나 대부분의 엄마들은 말을 듣지 않는다며 화를 냅니다.

아이와의 논리 전쟁에서 엄마는 벌컥 화를 내지 말고 여유를 만들면서 진심 어린 마음으로 가슴을 빌려줘야만 아이를 이해할 수가 있습니다. 지금은 과거와는 달리 엄마의 부엌일이 줄어들었기 때문에 여가에 아이와 함께 이런저런 주제를 놓고 재미있게 논쟁을 벌인다면 아이의 논리력 향상에 많은 도움을 줄 것입니다.

예를 들어 엄마가 먼저 딸아이에게,

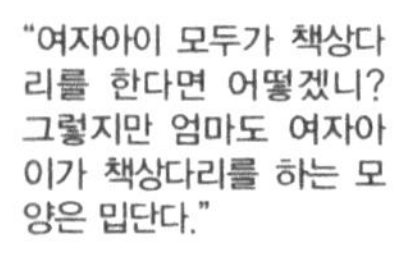
"여자아이 모두가 책상다리를 한다면 어떻겠니? 그렇지만 엄마도 여자아이가 책상다리를 하는 모양은 밉단다."

"여자아이 모두가 책상다리를 한다면 어떻겠니? 그렇지만 엄마도 여자아이가 책상다리를 하는 모양은 밉단다."

라고 말하면 딸아이는,

"그렇게 생각하는 것은 옛날 사람이라서 그래요."

라고 말합니다. 그럴 때 엄마는 웃으면서,

"네 말이 맞지만, 만약 내가 옛날 사람이었다면 너를 낳지 못했겠지. 호호호."

라며 대화를 부드럽게 풀어가는 것도 좋습니다.

아이와의 단절을 두려워하지 말고 아이의 자립심을 인정해야 한다.

부모는 아이가 고분고분하다는 것을 미덕으로 생각하면서 한편으론 자립심이 강한 아이로 성장하기를 희망하고 있습니다. 하지만 이것은 완전한 모순입니다.

어느 초등학교 선생님이 수업 중 교장 선생님의 호출을 받고 반 아이들에게,

"떠들지 말고, 선생님이 돌아올 때까지 자습하고 있어요."

라고 말한 뒤 교장실로 갔다가 돌아왔습니다. 그런데 아이들은 자습은커녕 아무 것도 하지 않고 놀고만 있었습니다. 그때 선생님은 '아이들에게 자립심이 없어도 너무 없구나.'라며 중얼거렸습니다.

마지막의 중얼거림은 이해할 수가 없어 웃음만 나오는 경우입니다. 왜냐하면 아이들이 자습을 하고 있었다 해도 아이들 스스로 한 것이 아니기 때문입니다. 선생님이 시켜서 한 일을 자립심이라고 말할 수 있겠습니까?

아이가 말을 잘 듣지 않는다고 가정교육을 강화해서 야단치는 일이 많아지면 당연하게 아이는 말을 잘 들을 것입니다. 하지만 아이의 자주성이 박탈되어 의욕이 없는 아이로 전락할 수도 있습니다. 부모가 이런 방식으로 아이를 키워 놓았다면

학교공부에 전념할 나이가 되었을 때, 떨어진 의욕을 되찾게 해준다고 또 야단을 치게 될 것입니다.

그러면 아이의 성격이 비뚤어져 부모를 비판하게 되고 이에 부모는 아이의 마음이 자신들을 떠났다고 생각할 것입니다. 이렇게 잘못된 교육으로 말미암아 아이와 단절될 경우 외에 아이의 성장에 따라 단절되는 시기도 있습니다. 예를 들어 남자아이가 초등학교 3학년 이상이 되면 엄마와 함께 시장 가는 것을 남자답지 않다고 생각해 따라가지 않습니다. 부모는 이런 상황을 오해하면 안 됩니다. 왜냐하면 아이가 성장하면서 사물을 보는 눈이 높아졌거나 달라졌기 때문입니다.

남자아이가 초등학교 3학년 이상이 되면 엄마와 함께 시장 가는 것을 남자답지 않다고 생각해 따라가지 않습니다.

초등학교 3학년 이하라면 친구들이 집으로 놀러 와,

"마루가 왜 이렇게 더러워?"

라고 말해도 별로 신경을 쓰지 않습니다.

하지만 초등학교 3학년 이상이 되면 집으로 들어서는 순간 더러운 마루를 발견하면,

"아~휴, 큰일 났구나! 창피하게 이게 뭐야."

라고 생각합니다. 그 이유는 평소와 다르게 친구들과 함께 왔기 때문에 더러워진 마루가 새롭게

보인 것입니다. 새롭게 보였다는 것은 자신의 입장이 아니라 친구의 입장에서 그것을 보았다는 의미가 됩니다. 이것이 어른들이 말하는 성장이란 것입니다.

이와 같은 성장으로 말미암아 엄마나 아빠에 대해서도, 다른 사람들은 어떻게 생각할까 하는 의구심이 생기게 됩니다. 아이의 이런 생각은 정신적으로 부모와 더욱 가까워졌다는 의미도 됩니다. 이때의 아이들은 가족이 아닌 옆집 아줌마가 아무리 좋은 옷을 입어도 말 한마디 하지 않습니다. 그렇지만 소중한 엄마이기에 다른 사람의 눈에 웃음거리가 되지 않기를 바라는 것입니다.

아이의 이런 마음을 엄마들이 모르는 듯, 엄마는 공공장소에서 성장한 아이가 창피해하는 줄도 모르고 유아를 다루듯,

"수민아, 엄마하고 손잡고 가자."

라고 합니다. 이럴 때 수민은 창피하다는 생각을 합니다. 이런 까닭에 엄마와 길을 걸을 때도 다른 사람처럼 멀찌감치 떨어져 걷습니다.

이처럼 부모가 아이를 이해하지 못하면 점점 서먹서먹하게 되어 멀어질 수 있으므로 아이에게 무리한 요구를 하지 않도록 해야 합니다.

아이가 거부하는 반응을 보일 때는,

"오늘, 아들에게 한방 먹었는걸."

이라고 솔직하게 말해 주는 것이 좋습니다. 다시 말해 아이

의 성장을 인정하는 노력이 우선되어야 합니다. 공공장소에서 아이가 부모와 함께하지 않으려는 것은 부모를 무시해서가 아닙니다. 다만 공공장소에서 부모가 아는 체를 하거나, 자신을 아기처럼 대하는 것에 낙심할 뿐입니다.

부모는 항상 자식 위에 군림하는 통치자가 되어서는 안 됩니다. 아이가 성장해 감에 따라 그 시기에 맞는 이해와 격려가 필요합니다. 아이가 반항기에 접어들면, 이 시기는 자아확립의 시기이므로 야단을 칠 때에도 신중해야 합니다. 무턱대고 야단만 친다면 자의식 과잉이 되어 열등감이나 분열감 등을 일으킬 수 있습니다. 이런 심리적 갈등이 심화하면 어느 순간 억압의 한계에서 폭발할 수가 있습니다. 이에 대한 예로 자식이 부모에게 폭력을 휘두르는 직계존속 폭력입니다.

아무리 가까운 부모와 자식 사이라도 서로를 존중하고 충분한 대화로 문제를 해결해 나가야 합니다.

엄마는 아이를 생산하고, 아이는 한 가정의 구성원으로 살아가게 됩니다. 아이는 점점 자라서 걷기 시작할 때 엄마 말만 듣다가 어느 날 문득 나름의 판단에

따라 자신의 세계를 열어 갑니다. 아이에게 자립심이 생긴 것입니다.

이렇게 되면 아이에 대한 보조적인 입장, 아이의 대리인으로서의 엄마와는 점차적으로 이별하게 됩니다. 이런 이별 뒤엔 같은 동등한 인간으로서 서로가 인정하는 새로운 인간관계로 복원됩니다. 이런 과정을 통해 부모와 아이의 관계는 더욱 성숙한 관계로 발전되는 것입니다.

이와 같은 현실적인 문제를 망각하고 아이의 자아확립 시기에 잘못된 교육으로 무시되고 억압한다면 아이의 장래는 밝을 수가 없습니다. 아이와의 단절을 두려워하기보다는 아이가 자립할 수 있게 도와준다면 훌륭한 아이로 성장할 것은 틀림없는 사실입니다.

따라서 아무리 가까운 부모와 자식 사이라도 서로를 존중하고 충분한 대화로 문제를 해결해 나가야 합니다.

부모도 아이의 성장에 발맞춰
스스로 발전해야 한다.

칭찬이나 야단에서 가장 중요한 부분은 아이에 대한 부모의 이해력입니다. 부모들의 실수는 아이들을 주관적으로 보지 않고 객관적으로 보고 있는 데에 있습니다. 현재 성장하고 있는 아이들이 시간이 지날수록 다음 단계로 성장해 간다는 사실을 잊어버리고, 아이가 성장된 모습조차 나쁜 모습으로 인식하고 있는 것입니다.

부모가 아이의 논리적인 언행을 성장의 표시로써 긍정적으로 생각하는 것과 부정적으로 생각하는 것에는 많은 차이가 있습니다. 한마디로 전자는 부모의 격려 속에 더더욱 성장할 것이고, 후자는 부모의 억제로 불만이 축적될 것입니다. 이 차이는 아이에 대한 부모의 신뢰에도 영향을 줍니다.

부정적으로 생각하는 부모는 자신의 눈앞에 아이가 보이지 않으면 무조건 나쁜 행동을 한다고 생각합니다. 이처럼 아이를 불신한다는 것은 아이의 성격을 꼬이게 하고 나아가 장래까지 어둡게 만드는 원인이 됩니다.

부모는 아이를 바르고 개성 있게 키우기 위해 야단치는 것을 당연하게 여기지만, 아이는 부담감만 커집니다.

매일 야단을 맞는 아이는 자신을 부정하고 또한 존재할 가치가 없다고 생각할 것입니다. 자살의 원인이 야단인 것은 이와 같은 생각이 한계점까지 누적되었다가 폭발한 것입니다. 만약 자살을 택하지 않으면 스스로,

"나는 착한 아이가 아니다."

라고 생각해 비행의 길로 빠질 수도 있습니다.

이처럼 아이에 대해 제대로 파악하지 못하고 내리는 부모의 잘못된 꾸중은 그만큼 아이에게 나쁜 영향을 준다는 것을 간

칭찬이나 야단에서 가장 중요한 부분은 아이에 대한 부모의 이해력입니다.

과해서는 안 됩니다. 부모가 아이의 성장을 긍정적으로 받아들인다면 부모의 기분에 따라 행해지는 야단은 분명하게 없어지거나 조절될 것입니다. 이와 함께 아이에게 힘이 될 수 있는 칭찬도 아끼지 말아야 합니다.

이처럼 부모들의 사고가 바뀌고 책임감을 느끼는 것으로 아이들의 가정교육이 잘 이루어질 수 있는 것은 아닙니다. 아이가 성인이 될 때까지 부모는 늘 아이들의 가정교육을 되짚어 보아야 합니다. 그래서 잘못된 부분이 있으면 같은 실수가 없도록 고쳐 나가야 합니다.

간단하게 생각해 보면 부모라는 위치는 아이들의 성장을 도와주는 멘토입니다. 스승으로서 아이가 올바른 인격으로 성장되도록 맡은 임무에 온 힘을 다 해야 합니다. 그러기 위해서는 부모도 아이의 성장에 발맞춰 스스로 발전해야만 합니다.

자녀에게 해야할 언어와 해서 안 될 언어

초판 1쇄 인쇄 2021년 10월 5일
초판 1쇄 발행 2021년 10월 10일

편 저 김해경, 신웅
발행인 김현호
발행처 법문북스 (일문관)
공급처 법률미디어

주소 서울 구로구 경인로 54길4(구로동 636-62)
전화 02)2636-2911~2, 팩스 02)2636-3012
홈페이지 www.lawb.co.kr

등록일자 1979년 8월 27일
등록번호 제5-22호

ISBN 978-89-7535-981-1 (13590)

정가 16,000원